Iris Zeppezauer

contra!

Angriffe erkennen.
Treffend kontern.
Wirksam durchsetzen.

BusinessVillage

Iris Zeppezauer
contra!
Angriffe erkennen. Treffend kontern. Wirksam durchsetzen.
2. Auflage 2022

Bestellnummern
ISBN 978-3-86980-572-6 (Druckausgabe)
ISBN 978-3-86980-573-3 (E-Book, PDF)
ISBN 978-3-86980-574-0 (E-Book, EPUB)

Direktbezug unter www.BusinessVillage.de/bl/1107

Bezugs- und Verlagsanschrift
BusinessVillage GmbH
Reinhäuser Landstraße 22
37083 Göttingen
Telefon: +49 (0)5 51 20 99-1 00
Fax: +49 (0)5 51 20 99-1 05
E-Mail: info@businessvillage.de
Web: www.businessvillage.de

Layout und Satz
Sabine Kempke

Autorenfoto
Sabine Kneidinger, www.kneidinger-photography.at

Druck und Bindung
www.booksfactory.de

Inhalt

Geschlechtergerechte Sprache und Semantik

In diesem Buch möchte ich mit Ihnen, liebe Leserin, lieber Leser, meine Erfahrungen teilen und Ihnen spannende, praxisnahe Beispiele vermitteln. Um die Lesbarkeit zu erleichtern, wird gelegentlich nur die weibliche oder männliche Form verwendet. Natürlich sind immer alle Geschlechter angesprochen.

Über die Autorin

Iris Zeppezauer ist Wirtschaftswissenschaftlerin, Autorin und Hochschuldozentin. Seit 2017 führt sie ihre Unternehmensberatung SEKUNDE EINS.

Die ausgebildete Kommunikations- und Verhaltensexpertin arbeitet seit mehr als zehn Jahren mit Persönlichkeiten, die ihre Meinung klar, aber wertschätzend transportieren müssen – auch in unangenehmen Situationen. Iris Zeppezauer war über viele Jahre in leitenden Positionen tätig und bringt aus ihrer Erfahrung heitere Anekdoten und berührende Fallbeispiele, die sie in exklusiven Coachings, Seminaren und Vorträgen verarbeitet.

Mit ihrem Programm wird Iris Zeppezauer von Unternehmen, Entscheidungsträgern und Medien geschätzt. Sie ist Professional Member der German Speakers Association und arbeitet auf Deutsch und Englisch.

Kontakt

E-Mail: iris.zeppezauer@sekundeeins.at
Web: www.sekundeeins.at

1.
Prolog: Es geht ums Reagieren!

Fassungslos stand ich im unaufgeräumten Büro meines Chefs. Nie zuvor hatte ich eine derartige Unordnung gesehen. Als Geschäftsführer eines mittelständischen Industrieunternehmens hatte er sehr offensichtlich andere Prioritäten, als seine Arbeitsunterlagen zu sortieren. Um überhaupt zu ihm vorzudringen, hatte ich bereits eine große Hürde überwinden müssen: Die Chefsekretärin, eine Dame älteren Semesters, dürr und mit stechenden Augen, deren Hauptaufgabe wohl das Einschüchtern unliebsamer Besucher darstellte. Mit permanent übler Laune, schriller, durchdringender Stimme und einer Zigarette zwischen den lackierten spitzen Fingernägeln hielt sie nicht nur den Chef in Schach, sondern sorgte auch dafür, dass jeder im Unternehmen es sich zweimal überlegte, ob er wirklich bei ihr oder dem Chef vorsprechen wollte.

Damals war ich einundzwanzig Jahre alt und fest entschlossen, mich von dieser Dame nicht abwimmeln zu lassen. Der Geschäftsführer schob die Genehmigung meines Fortbildungsbudgets schließlich schon seit Wochen hinaus und setzte auf Zermürbungstaktik. An diesem Tag wollte ich endlich eine Entscheidung. Tapfer hatte ich also die verbalen Attacken der Sekretärin gekontert und mir den Termin zur Vorsprache erkämpft.

Da stand ich nun – ein Sitzplatz wurde mir gar nicht erst angeboten. Ich nahm es nicht persönlich, schließlich hätte man den Besucherstuhl sowieso erst von Akten aller Art befreien müssen. Mein Chef saß hinter dem Schreibtisch, lässig weit zurückgelehnt, beide Hände im Nacken, die Ellenbogen nach außen gerichtet. Mit Gusto widmete er sich der Inquisition.

Chef: »Was gibt's?«

Ich: »Es geht um das Budget für mein Studium. Wir haben vor einigen Wochen darüber gesprochen, Sie wollten mir Bescheid geben.«

Chef: »Das sind immer solche Geschichten. Da wollen die jungen Leute studieren, statt in der Praxis anzupacken.«

Ich: [Ich blicke ihn ungläubig an – was soll ich nur darauf sagen? Also sage ich nichts.]

Chef: »Es geht ja auch um Ihre Arbeit hier in der Firma. Die gehört schon ordentlich gemacht.«

Ich: »Die Arbeit kommt sicher nicht zu kurz, die Vorlesungen sind ja am Wochenende!« [Oje, jetzt habe ich mich doch tatsächlich gerechtfertigt.]

Chef: »Brauchen wir alles nicht.«

Ich: »Sind Sie trotzdem bereit, mir das Budget zu genehmigen?«

Chef: »Wenn Sie unbedingt darauf bestehen. Aber nur die Hälfte. Die andere Hälfte zahlen Sie.«

Heute würde ich meinem damaligen jungen Ich diesen Ratschlag zurufen: Reagiere! Reagiere kraftvoll auf Angriffe wie diese und rechtfertige dich niemals! Damals war ich dazu leider noch nicht in der Lage. Denn die Situation im Chefbüro war schon von Beginn an durch den hohen hierarchischen Unterschied geprägt. Dazu kamen noch die Territorialsprache meines Chefs und die für mich nachteilige Konstellation – als Bittstellerin vor dem Schreibtisch stehend versus Statusgehabe im Chefsessel. Trotz meines damals durchaus ausgeprägten Selbstvertrauens war es mir in diesem Moment unmöglich, Sicherheit und Status auch nur ansatzweise zu demonstrieren. Ich ärgerte mich noch lange nach dieser unerquicklichen Gesprächssituation, dass ich damals nicht zumindest auf die dreiste Feststellung zu den »jungen Leuten, die studieren«, reagiert hatte, anstatt sie stumm einfach zu akzeptieren. Und betreffend die »Arbeit, die schon ordentlich gemacht gehört«, hätte ich mich keinesfalls rechtfertigen sollen.

An sich war ich trotz meiner Jugend nicht schüchtern oder um Worte verlegen. Aber dieser Geschäftsführer hatte mich in einen Tiefstatus gedrängt und mich damit zu meinem Nachteil überrumpelt. Brav hatte ich zunächst mitgespielt. Einige Monate später beschloss ich, mich weder dem Verhalten des Geschäftsführers noch der unberechenbaren, diktatorischen Herrschaft seiner Sekretärin weiter auszusetzen, und verließ das Unternehmen.

In meinem darauffolgenden Job konnte ich meine Erkenntnisse bereits erfolgreich anwenden. Beim ersten verbalen Ausbruch eines Bereichsleiters stellte ich klar, dass ich auf diesem Niveau nicht kommunizieren würde. Weder die hohe Lautstärke noch der Inhalt, der sich auf »junge Mitarbeiterinnen, die ihre Kompetenz maßlos überschätzen«, (also mich) bezog, waren für mich akzeptabel. Ich schlug einen neuen Termin für das Gespräch vor. Der gute Mann hatte verstanden – von da an wurde ich respektvoll behandelt.

Wenn ich diese Erlebnisse mit Familie und Freunden teilte, stellte ich zu meiner Verblüffung fest, wie sehr auch sie von der Thematik »Unfaire Gesprächssituationen« betroffen waren. Da hatte ich Blut geleckt und wollte mehr darüber wissen. Neben meinem Wirtschaftsstudium (das ich übrigens später ohne die Subvention des knausrigen Chefs absolvierte) bildete ich mich in Rhetorik und Verhalten fort und beschloss, Business und Kommunikation zu verbinden.

Nach und nach zählten Verhandlungen, Präsentationen bei Kunden, Pressetermine und Interviews – auch zu kritischen Themen – zu meinem Tagesgeschäft. Heute weiß ich, dass eine klare Rhetorik und eine überzeugende Dialektik das A und O sind, um Persönlichkeit und Kompetenz zu zeigen. In hunderten Coaching-Gesprächen und Seminaren haben mir meine Kundinnen und Kunden aus ihrem Alltag erzählt, und gemeinsam haben wir Wege erarbeitet, wie sie ihre Botschaft selbstbewusst transportieren.

Wir verfügen über noch nie da gewesene Kommunikationswege. Jener von Angesicht zu Angesicht ist nur einer davon. Meinungsaustausch findet vor allem über Social Media statt, und wir sind ein ständiger Teil davon. Ohne es zu merken, scrollen und swipen wir durch die virtuelle Welt und speichern Bilder und Meinungen in unseren Köpfen. Misstrauen, Fake News und Verschwörungstheorien werden verbreitet, Meinungs- und Stimmungsmacher manipulieren plötzlich auch jene Menschen, die wir bisher als bedacht und vernünftig eingeschätzt haben. Ich gehe davon aus, dass auch Sie, liebe Leserin, lieber Leser, bereits ähnliche Erfahrungen gemacht haben. Plötzlich kommentiert

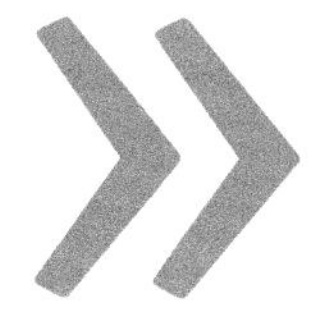

Die Fähigkeit, die eigenen Botschaften nachhaltig zu positionieren, ist heute wichtiger denn je.

einer Ihrer virtuellen Kontakte Ihren Beitrag. Grundsätzlich kein Problem, nur passt das Statement so gar nicht zu Ihrer Einstellung. »Soll ich überhaupt reagieren?« Das fragte mich kürzlich einer meiner Kunden, dessen Firmenprofil auf LinkedIn von einem Hassposter als positives Beispiel missbraucht wurde. Meine Antwort: Ja, reagieren Sie! Es ist bei Angriffen dieser Art sehr wichtig, sich zumindest zu distanzieren und klarzustellen, dass Sie dieser Ansicht nicht zustimmen. Das ist deswegen bedeutsam, weil Kommunikation schließlich nicht nur zwischen Ihnen und Ihrem Gegenüber stattfindet, sondern ja immer auch Publikum dabei ist – oder in den Social Media mitliest.

Im Meetingraum, ob virtuell oder reell, verhält es sich ähnlich: Wenn jemand Sie kritisiert, passiert das meist vor Publikum. »Das sollten Sie als Techniker eigentlich schon wissen!« Wenn ein Manager seinen Mitarbeiter im Meeting bloßstellt, kann ich dem Mitarbeiter nur raten: Reagieren Sie. Aber angemessen! Denn wenn Sie jetzt Öl ins Feuer gießen und richtig deftig zurückschlagen, verlieren Sie nicht nur die Sympathie der anderen Teilnehmenden, sondern wahrscheinlich auch Ihren Job.

Das ist der Grund, warum ich kein Fan der Schlagfertigkeit bin. Wer sofort zurückschlägt, hinterlässt oft verbrannte Erde. Die Antwort kommt affektiv – somit hat unser Gehirn keine Zeit, die drei wichtigsten Aspekte zu erfassen: die Person, die Situation und die Beziehung. Setzen Sie daher besser einen bewussten Konter, so viel Zeit ist immer vorhanden. Auch wenn Sie nicht rhetorisch und körpersprachlich ausgebildet sind, dürfen Sie sich auf die unglaubliche Leistung Ihrer Wahrnehmung verlassen: Innerhalb weniger Sekunden haben Sie den Angriff durchschaut, die Situation erfasst und die Beziehung eingeschätzt. So befreien sich auch ruhigere Naturelle von dem Druck, wie aus der Pistole geschossen einen gewieften Kommentar parat haben zu müssen.

Wer bei Angriffen schweigt, tut sich nichts Gutes – ganz im Gegenteil! Unfaire Bemerkungen bleiben an uns kleben wie ein Soßenfleck am Hemdkragen, wenn wir sie nicht umgehend parieren. Negative oder falsche Behauptungen bleiben im Raum hängen oder sind auf unserer Facebook-Seite für immer sichtbar, wenn wir sie nicht richtigstellen.

Letztlich geht es um Ihre Wirkung, um Sie als Person. Wollen Sie in Ihrem Unternehmen, bei Ihren Kollegen und Vorgesetzten, aber auch im Freundeskreis als kompetent, selbstbewusst und präsent wahrgenommen werden? Wollen Sie sichtbar sein und Ihre Themen souverän präsentieren? Dann steigen Sie ein in die Welt des Konterns. Nehmen Sie Kritiker in die Verantwortung, scheuen Sie sich nicht, auch scheinbare Randbemerkungen anzusprechen, wenn es Sie betrifft und berührt. Denn Sie wirken damit nicht nur auf die Wahrnehmung der anderen, sondern Sie sind es sich auch selbst schuldig. Wie oft haben Sie sich schon geärgert, weil Sie in einer bestimmten Situation nicht reagiert haben? Ich habe früher ganze Abende damit verbracht, mich über Situationen zu ärgern, in denen ich nicht konsequent gesprochen und gehandelt habe. In denen mir die Luft wegblieb, weil ich überrumpelt war oder in einen derartigen Tiefstatus gedrängt wurde, dass ich praktisch handlungsunfähig war.

Mein einschneidendes Erlebnis mit dem polternden Chef und seiner Sekretärin Typ »Cruella De Vil« (Sie erinnern sich bestimmt an die herrschsüchtige Modedesignerin aus Disneys »101 Dalmatiner«) brachte einen Stein ins Rollen. Ich entschied mich damals bewusst dafür, bei An- oder Untergriffen nicht länger tatenlos zu bleiben. Auch wollte ich definitiv selbst keine Cruella werden, die sich mit Gereiztheit, beleidigenden Worten und Wutausbrüchen Respekt verschaffen musste.

Mein Ansatz war es schon immer, dem Gegner die Würde zu lassen. Selbst wenn ich heute alle Waffen in der Hand habe, richte ich kein Blutbad an. Verzeihen Sie mir diese kriegerische Wortwahl, aber manche Menschen glauben tatsächlich bei jeder Anspielung, sie müssten gleich in den verbalen Krieg ziehen. Das ist nicht notwendig! In neunzig Prozent der Fälle genügt es, bewusst zu reagieren. Glauben Sie mir, Sie werden dann rasch den Ruf einer souveränen Persönlichkeit innehaben. Denn Ihre Kritiker wissen sehr bald, dass es sich bei Ihnen nicht mehr lohnt, ihr Pulver zu verschießen. Mit diesem Ansatz darf ich seit mehr als zehn Jahren renommierte Unternehmen und Persönlichkeiten begleiten, von denen viele eine bemerkenswerte Entwicklung erlebt haben: Ab dem Zeitpunkt, an dem sie begannen, richtig zu reagieren und bewusst zu kommunizieren, haben sie machtvoll Führung übernommen und ihre Ziele schneller und eindeutiger erreicht.

Nie war es so wichtig wie heute, entsprechend zu reagieren, zu hinterfragen und klar zu kommunizieren. Ich lade Sie auf den folgenden Seiten dazu ein, Ihre Botschaft souverän in die Welt zu bringen und zu lernen, deutlich zu kontern, wenn die Situation es erfordert! Für mehr Sichtbarkeit und für noch mehr Erfolg als bisher. Wollen wir nun zusammen in die spannende Welt des Konterns eintreten?

Ihre

2.
Angriff, Flucht oder Starre?

Angriff ist nicht immer die beste Verteidigung.

2.1 Attacken aus heiterem Himmel – wenn die Luft wegbleibt

Kennen Sie das Gefühl, eiskalt erwischt zu werden? Sie haben sich auf ein Gespräch oder eine Präsentation gut vorbereitet, doch dann kommt dieser eine Kommentar, auf den Sie nicht gefasst waren.

Letztes Jahr durfte ich eine Beratungsgruppe aus dem Finanzbereich als Coach begleiten. Das Ziel des Teams war, in Kundengesprächen Vertrauen aufzubauen, souverän und als verlässlicher Partner zu wirken. Martin, einer der Seniorberater, hat keine Scheu vor Präsentationen und ist auch sonst redegewandt. Er bereitet sich immer umfassend auf Kundentermine vor und behält Zeit und Redeanteile im Auge. Dennoch gibt es eine Situation, die Martin schon häufiger begegnete: Ist sein Gegenüber sehr dominant und fordernd, verliert er die Sicherheit: »Neulich hat mich ein Kunde – er ist ein sehr lauter und von sich überzeugter Typ – mitten in der Präsentation unterbrochen, ist aufgestanden und hat gesagt ›Kommen Sie bitte zum Punkt. Bei Ihrem Tempo sitzen wir morgen noch da!‹ Ich wusste nicht, was ich erwidern sollte. Mein roter Faden und die Sicherheit waren weg. Dabei wollte ich einen souveränen Auftritt hinlegen und als Experte in Erinnerung bleiben«, beschreibt Martin diese unangenehme Lage.

Was Martin passiert ist, können viele nachvollziehen. Eine Person spielt Status und Beziehung (in Martins Fall die Berater-Kunden-Beziehung) aus und versucht, uns in eine schlechtere Position zu bringen. Sind wir einmal in die Unterlegenheit geraten, ist es sehr schwer, auszubrechen. Die überlegene Person diktiert das Geschehen.

Die Biologie des Angriffes

Wie kommt es dazu? Im Alltag bewegen wir uns in einer gewissen Komfortzone. Diese Komfortzone ist je nach Menschentyp bei einigen sehr klein, bei anderen größer. Sie beinhaltet aber in jedem Fall Aufgaben, die wir bewältigen können, auf die wir vorbereitet sind. Nehmen wir neue Herausforderungen an, geht es ein Stück weiter, in die sogenannte Lernzone. Bewältigen wir die neuen Aufgaben positiv, kommen wie Altersringe in einem Baumstamm immer neue Erfahrungen dazu, die Komfortzone wächst, wir gewinnen Sicherheit.

Passiert nun ein Angriff, werden wir unerwartet aus unserer Komfortzone gestoßen. Unsere Wahrnehmung ist sofort in Alarmbereitschaft, da unsere Sicherheit bedroht ist. Die erste Reaktion ist Schock – als würde eine innere Sirene ertönen: Aaachtung! Angriff! Dabei ist es nicht relevant, ob der Angriff physisch oder verbal erfolgt. Wir erstarren kurzfristig – uns bleibt die Luft weg.

Relevant ist der nächste Schritt: die Schrecksekunde. Jetzt entscheidet sich, ob wir kämpfen oder fliehen. Der US-amerikanische Psychologe Walter Cannon prägte diese Reaktion als »fight or flight response«. In der ersten Schrecksekunde finden erstaunliche messbare Vorgänge in unserem Organismus statt: Hormone (hauptsächlich Adrenalin und Cortisol) werden ausgeschüttet, Blutzuckerspiegel und Blutdruck sowie Herz-, Puls- und Atemfrequenz steigen. Messbar sind unter anderem auch eine Erweiterung der Pupillen, Kontraktion der Muskeln und ein Anstieg der Milchsäure.

Der Organismus stellt sich auf Kampf oder Flucht ein – das ist Teil unseres evolutionären Überlebensprogrammes und benötigt viel Energie. Dafür werden sogar alle momentan nicht überlebensnotwendigen Funktionen wie Sexualtrieb oder Verdauung zurückgefahren. Wir sind in diesem Moment ganz darauf eingestellt, unsere Sicherheit wiederherzustellen. Aus rhetorischer Sicht ist es wichtig, über diesen biologischen Hintergrund Bescheid zu wissen. So können wir die beste Option wählen und lassen uns weniger zu einer unüberlegten Reaktion hinreißen. Die meisten möchten klug und schlagfertig kontern und vergessen dabei, vorher durchzuatmen, dem biologischen Programm seinen Lauf zu lassen und die Situation einzuschätzen.

Im Laufe der letzten zehn Jahre habe ich in zahlreichen Beratungsgesprächen und Coachings immer denselben Kern entdeckt: Wir wollen so gut wie möglich wirken, damit wir mit uns zufrieden sein können. Dabei sind wir selbst unser härtester Kritiker. Wir stellen uns hohe persönliche und fachliche Anforderungen, denen wir auch in stressgeladenen Situationen gerecht werden sollen. Die Kombination aus hohen Anforderungen, gewünschter Schlagfertigkeit und strenger Selbstkritik erzeugt Druck. Druck, der uns daran hindert, souverän und gezielt zu kontern. Stattdessen flüchten wir übereilt aus der Situation, meist durch Nichtreagieren oder Rechtfertigung, oder wir schlagen unüberlegt zu und hinterlassen Verletzungen.

Dabei verfügen wir als weiteren Teil unseres Überlebensprogrammes über eine enorme Kompetenz, menschliches Verhalten und Situationen einzuschätzen. Tatsächlich ist Menschenkenntnis etwas, das sich jeder Mensch im Laufe seiner Entwicklung aneignet, um überleben zu können. Andere einzuschätzen, ihr Verhalten und Handeln vorauszusehen, lernen wir ab dem frühesten Kindesalter. Wir lernen jedoch nicht, systematisch zu clustern und rekonstruierbare Ableitungen zu treffen. Weder in der Schule oder an der Universität noch im späteren Berufsleben wird uns die Kompetenz dieser Einschätzungen vermittelt. Frage ich meine Kundinnen und Kunden im Coaching, so haben manche irgendwann einmal ein Kommunikationsseminar absolviert, in dem unterschiedliche Verhaltenstypen vorgestellt wurden. Die systematische Anwendung und Verbindung mit konkreten Situationen kamen meist nicht vor – deshalb beschäftigen wir uns genau damit in diesem Buch.

Wann hat es Sie zuletzt eiskalt erwischt?
Wie haben Sie reagiert? Wie haben Sie sich dabei gefühlt?

Vergessen Sie Kausalität

Das Sprichwort »Unverhofft kommt oft!« impliziert bereits eine grundlegende Eigenschaft der Mensch-zu-Mensch-Kommunikation: Es gibt keine kausalen Abläufe. Auch wenn viele Ratgeber es versuchen – die Abfolge »Wenn du A sagst, sage ich B, und dann kommt C heraus« funktioniert in den seltensten Fällen. Vielmehr ist die Kommunikation ein ständiges Taktieren. Innerhalb kürzester Zeit werden Argumente in den Ring geworfen, wir testen, ob sie ankommen, legen nach, ändern die Taktik.

Nehmen Sie als Beispiel die Diskussion mit der Familie über das Urlaubsziel für den nächsten Sommer. Ihnen ist nach Kultur und Kulinarik? Bringen Sie das einmal den Kindern nahe, wenn diese lieber Wasserspaß und Action wollen.

Sie: »Kinder, für nächstes Jahr habe ich eine gaaanz tolle Idee, wohin wir im Urlaub fahren.«

Kinder: »Wir auch! In den Ferienclub Jollyday mit fünf Wasserrutschen, drei Discos und extra Fun-Animation!«

Hier scheidet Kausalität bereits aus. Wenn Sie damit gerechnet haben, dass die Kinder nachfragen (»Echt? Ja, wohin denn?«), müssen Sie jetzt erkennen, was das Motiv der Kinder ist, und Ihre Argumente darauf aufsetzen, sonst haben Sie die Runde bereits verloren. Was in der Beziehung und Familie täglich und unbemerkt passiert, ist genau dieses Suchen nach den richtigen Zugängen zur anderen Person, um sie zu überzeugen. Wir sind darauf geprägt, dass Kommunikation nicht kalkulierbar ist, und üben uns ständig im Taktieren. Warum? Wir wollen unsere Ziele durchsetzen. Und wenn es nur darum geht, recht zu behalten.

Im Berufsleben ist es genauso: Wir bereiten uns auf wichtige Gespräche oder Präsentationen vor, legen uns Argumente zurecht. Dennoch müssen wir damit rechnen, dass es anders kommen könnte.

Hätte ich doch nur!

»Glaubst du nicht, dass du hier ein bisschen zu empfindlich reagierst?« Andrea traut ihren Ohren nicht. Sie spürt, wie ihr das Blut in den Kopf schießt und dort heftig pulsiert. Für ein paar Sekunden scheint die Welt stillzustehen – Andrea nimmt alles wie in einem Film wahr. Gerade hat sie ihrer Vorgesetzten von den regelmäßigen Anfeindungen durch eine Kollegin berichtet. Das läuft zwar schon längere Zeit, hat sich nun jedoch in Umfang und Vehemenz massiv zugespitzt, denn die Kollegin ist dazu übergegangen, Andrea zusätzlich zu ihren ständigen verbalen Attacken relevante Informationen vorzuenthalten. Nachdem sie sich bei einem Kundengespräch aufgrund der ihr nicht vorliegenden Informationen bis auf die Knochen blamiert hatte, bat Andrea ihre Vorgesetzte um einen Termin – so konnte es nicht weitergehen.

Andrea hatte sich auf das Gespräch mit ihrer Vorgesetzten gründlich vorbereitet: Sie wollte in Ich-Botschaften kommunizieren, bloß keine Schuldzuweisungen aussprechen und die Lage konkret, aber sachlich und gelassen beschreiben. Keinesfalls hatte sie vor, ihren Emotionen freien Lauf zu lassen. Schließlich möchte sie als kompetente Mitarbeiterin wahrgenommen werden und nicht als streitlustig oder überempfindlich. Der erste Satz ihrer Chefin bringt alle guten Vorsätze ins Wanken. Mit dieser Reaktion hatte sie nicht gerechnet: Sie wird nun als diejenige dargestellt, die überreagiert! Noch immer starrt Andrea ihre Vorgesetzte ungläubig an. Tränen der Enttäuschung und Wut steigen in ihr auf. Ihr Hirn scheint keine passende Antwort hervorbringen zu wollen. Sie schafft es gerade noch, unsicher zu antworten: »Nein, das glaube ich nicht. Dieses Verhalten betrifft ja auch andere in der Abteilung.« Schon als sie dies zögerlich und mit unsicherer Stimme ausspricht, merkt sie, dass es wie eine Rechtfertigung klingt. Ab diesem Moment kann Andrea sich nicht mehr auf ihren Vorschlag zur Lösung der Situation konzentrieren und sich souverän und lösungsorientiert einbringen. Ihre Vorgesetzte – sie ist bekannt dafür, Konflikte zu vermeiden, wo immer es möglich ist – hat mit ihr nun leichtes Spiel und fertigt sie rasch mit der unverbindlichen Zusage ab, sie werde die Situation im Auge behalten.

Andrea kehrt aufgewühlt in ihr Büro zurück. Sie ist maßlos wütend auf die Chefin, die so gefühllos und uninteressiert reagiert hat. Aber vor allem ist sie wütend auf sich selbst, weil sie nicht entsprechend reagiert und ihr Gesicht gewahrt hat. Hätte sie doch nur treffend gekontert!

Auch in Andreas Fall trat die Schrecksekunde ein: Ihr blieb förmlich die Luft weg. Gerade wenn Emotionen im Spiel sind und uns die Situation persönlich betrifft, ist es schwierig, adäquat zu kontern. »Ich habe ja mit vielem gerechnet, aber damit nicht!«, ist meist die Aussage, wenn Menschen über derartige Erlebnisse berichten. Und darin liegt eine wesentliche Erkenntnis: Bereiten Sie sich gut vor, setzen Sie sich unbedingt ein Ziel, aber machen Sie das Unverhoffte zum Teil Ihrer Strategie. Rechnen Sie damit, dass die Person anders reagiert, als Sie erwartet haben. Im Gespräch ist es wie beim Schachspiel: Sie haben ein Ziel, müssen aber am Spielbrett vor jedem Zug genau überlegen, wohin Sie Ihre Figur bewegen, und versuchen, die Züge des anderen vorauszusehen, bevor Sie Ihren Zug machen.

Nehmen wir das Unverhoffte als Teil der Kommunikation an, ändert sich auch die innere Haltung, mit der wir in ein Gespräch gehen. Menschen sind nicht berechenbar, aber Motive und Interessen können wir herausfinden und unser Gegenüber damit abholen. Sie fragen sich, warum Sie jemanden auch noch abholen sollen, der so gefühllos reagiert wie Andreas Vorgesetzte in unserer Geschichte? Überlegen wir doch einmal, welches Interesse die Vorgesetzte haben könnte. Vermutlich fühlte sie sich durch die Problemschilderung gestört und wollte das Thema möglichst schnell vom Tisch haben. Nichts ist einfacher, als es der Überbringerin zurückzuschieben, indem sie ihr Überreaktion unterstellt. Erkennt nun Andrea dieses Interesse, kann sie im Konter direkt einsteigen. Statt sich zu rechtfertigen, holt sie die Vorgesetzte ab: »Lass mich bitte zeigen, warum eine Lösung nicht nur in meinem Fall, sondern für die ganze Abteilung wichtig ist.« Sie verwendet damit bereits das Wort Lösung im Konter und bleibt in der Themenführung. Die Vorgesetzte wird so eher Interesse an Andreas Vorschlag haben und Andrea setzt ihr Ziel so leichter durch.

Mit wem mussten Sie zuletzt ein unangenehmes Gespräch führen? Haben Sie Ihr Ziel erreicht? Oder sind Sie wie Andrea in Starre verfallen und konnten Ihre Lösungsansätze nicht weiter einbringen?

Unfair!

Nachdem wir das Unverhoffte als Teil der Kommunikation akzeptiert haben, müssen wir uns im Angriff auch dem Thema Fairness und Gerechtigkeit widmen. Wenn ich mit Menschen im Coaching arbeite, geht es oft um überzeugende Präsentationen und Statements in Debatten. Wer hofft, das gehe immer fair und respektvoll über die Bühne, den muss ich schnell enttäuschen. Wir bewegen uns schließlich auf dem Gebiet der Dialektik, der Kunst des Debattierens. In seinem Werk »Eristische Dialektik« legte der Philosoph Arthur Schopenhauer vor zweihundert Jahren ein leidenschaftliches Manuskript vor, dessen Kunstgriffe bis heute als Basis des Konterns gelten. Die Haupterkenntnis: In der Diskussion geht es fast nie darum, die Wahrheit zu finden, sondern recht zu behalten.

Was bedeutet das? Die Wahrheit ist subjektiv, jeder sieht sie anders. Es ist wie in dem berühmten mystischen Gleichnis von den blinden Männern, die einen Elefanten beschreiben sollen. Jeder der Blinden befühlt nur ein Körperteil des Elefanten, etwa einen Stoßzahn oder ein Bein, und beschreibt seine Erfahrung. Im Austausch der Erfahrungen erkennen sie, dass jede individuelle Wahrnehmung zu einer subjektiven Schlussfolgerung führt: Der Blinde, der den Stoßzahn untersuchte, beschreibt den Elefanten als solide Röhre. Derjenige, der das Bein befühlte, beschreibt ihn als Säule. Der dritte sagt, ein Elefant sei wie ein Handfächer – er hatte das Ohr befühlt.

Eine Ableitung aus dieser Parabel ist, dass Realität und Wahrheit je nach Perspektive unterschiedlich sind. Der absoluten Wahrheit können wir also nur durch Wahrnehmung verschiedener Sichtweisen näherkommen. Daher ist es in den meisten Diskussionen nicht das Ziel, die Wahrheit zu finden. Vielmehr wollen wir einfach recht behalten oder unsere Interessen durchsetzen.

Denken wir an unsere Beziehung, fallen uns schnell Situationen ein, in denen wir unserem Partner gegenüber einfach recht behalten wollten. Wie machen wir das? Ganz genau: Wir kämpfen mit allen Mitteln. Dass es dabei nicht immer fair zugeht, liegt auf der Hand. Gerade bei Menschen, die uns nahestehen und deren Schwächen wir kennen, setzen wir liebend gern unfaire Argumente ein. »Schon wieder hast du das Geschirr stehen lassen!« »Alles muss ich allein machen.« »Nie hörst du mir zu!« »Du bist nicht dumm, du bist nur faul!« Solche Aussagen stehen in vielen Beziehungen und Familien auf der Tagesordnung. Sie werden unüberlegt an Partner und Kinder gerichtet – kaum jemand hinterfragt, welche Spuren sie hinterlassen. Kommen wir dadurch wirklich dem Ziel näher? Oder geht es uns einfach darum, den anderen anzuklagen, um sich der eigenen Macht bewusst zu werden?

Wir alle verhalten uns unfair, obwohl die meisten denken, nur die anderen seien es. Im Laufe dieses Buches betrachten wir gemeinsam Möglichkeiten zur Selbstreflexion. Wenn Sie sich erst einmal selbst durchschaut haben, kennen Sie auch Ihre eigenen Angriffsflächen. Für viele ist es eine harte Erkenntnis, dass genau die Punkte, die sie bei anderen kritisieren, die eigenen empfindlichsten Angriffsflächen sind.

Nonverbale Attacken

An einer meiner ersten beruflichen Stationen hatte ich eine sehr spezielle Kollegin. Ich war damals Teil eines sechsköpfigen Teams und für die Abwicklung von Warenexporten zuständig. Meine Kollegin hatte einen ähnlichen Bereich und tauschte sich regelmäßig mit den Teammitgliedern aus. Dieser Austausch fand in Form von Suggestivfragen ihrerseits statt, bei denen sie die Augen zusammenkniff und bereits nickte, bevor ihr Gegenüber antworten konnte: »Du bist sicher schon mit deiner Liste fertig und hast Zeit, mir etwas abzunehmen, oder?« Verneinte die gefragte Person, nickte die Kollegin wissend und mit nach unten gezogenen Mundwinkeln und sagte: »Alles klar.« Dann ging sie, noch einmal ein leises »Schon klar« murmelnd, zu ihrem Platz zurück. Mir wurde damals bewusst, dass es keine bösen Worte braucht, um gemein zu sein oder den anderen in eine schlechtere Position zu bringen. Diese Kollegin schaffte es mit ihrer Körpersprache und Mimik, den anderen ein schlechtes Gewissen zu machen. Sie werden jetzt vielleicht sagen, selbst schuld, ich würde mir einfach kein schlechtes Gewissen machen lassen! Ich gebe Ihnen recht. Aber noch heute erlebe ich in meiner Tätigkeit als Coach und Beraterin, wie viel Macht solche Menschen im Unternehmen ausüben können.

Unsere nonverbalen Kommunikationsmöglichkeiten sind unerschöpflich. Der österreichische Kommunikationswissenschaftler Paul Watzlawick stellte auf den ersten Platz seiner fünf pragmatischen Axiome: »Man kann nicht nicht kommunizieren, denn jede Kommunikation (nicht nur mit Worten) ist Verhalten, und genauso wie man sich nicht nicht verhalten kann, kann man nicht nicht kommunizieren.« Was auf den ersten Blick verwirrend klingt, wird rasch klar, wenn wir das Verhalten im Berufsalltag beobachten:

Der Kollege im Meeting, der Ihrer Präsentation folgt und gelegentlich den Kopf schüttelt, sodass es alle sehen können.
Die Vorgesetzte, die immer wieder auf die Uhr schaut, während Sie ein für Sie wichtiges Thema vorbringen.
Der Abteilungsleiter, der Sie von Kopf bis Fuß scannt und die Augenbrauen hochzieht, wenn Sie sein Büro betreten.
Die Kollegin, die alle herzlich begrüßt und nur Sie übersieht.

Doch nicht nur im beruflichen Kontext, sondern auch im privaten Bereich prägt nonverbale Kommunikation unser Zusammenleben. Bestimmt kennen Sie das »aggressive Anschweigen«, das manche Menschen einsetzen, um ihre Beleidigung auszudrücken oder den Partner zu bestrafen. Die weiter vorne im Kapitel beschriebene unfaire Rhetorik gegenüber unseren Kindern drückt sich ebenfalls häufig nonverbal aus. Ich erinnere mich noch gut an einen der ersten Turn-Wettbewerbe, zu denen ich meinen Sohn begleitete. Er und die Kinder seiner Riege waren damals etwa sechs Jahre alt. Wie die meisten Eltern warf ich meinem Sohn aufmunternde Gesten zu und streckte die Daumen hoch, wenn er zu mir ins Publikum schaute. Einer seiner Freunde, ein ehrgeiziges Kind und sichtlich bemüht, auf keinen Fall einen Fehler zu machen, schaute ebenfalls ins Publikum und suchte den Blick seines Vaters. Ich konnte den Vater genau sehen: Er schüttelte immer wieder missbilligend den Kopf. Ich konnte diese vernichtende Geste physisch spüren, so leid tat mir der Junge. Was musste es für ihn bedeuten, dass sein Vater ihm vor allen anderen die Anerkennung entzog!

Diese Art der Kommunikation innerhalb der Beziehung oder der Familie ist meist kein geplanter Angriff. Vielmehr geben wir Verhaltensmuster und Werte weiter, die wir selbst erlebt haben. Was fehlt, ist die Reflexion darüber, was uns zu diesem Verhalten antreibt. Wer sie nicht bewusst angeht, wird nicht nur weiterhin Schaden bei anderen anrichten, sondern auch selbst empfänglich für Attacken sein. Unbewusst lassen wir uns durch das Verhalten von Menschen in unserer Meinung beeinflussen – besonders, wenn es Menschen sind, zu denen wir aufschauen oder die in der Gesellschaft exponiert sind. Das sind zu Beginn die Eltern, dann Lehrerinnen, Pfarrer, Ärztinnen, Politiker oder prominente Persönlichkeiten.

Denken Sie an eine jener Fernsehshows, in denen eine Jury verschiedene Kandidaten bewerten muss. Als Zuseherin verfolgen Sie den Auftritt mit, beobachten aber nicht nur die Leistung auf der Bühne, sondern auch die Jurymitglieder. Beginnt ein Mitglied der Jury, Begeisterung zu zeigen, anerkennend zu nicken oder mitzuklatschen, prägt das sofort Ihre Meinung. Psychologen nennen dieses Phänomen »Prinzip der Autorität«: Wir sind geneigt, die Meinung hierarchisch oder gesellschaftlich höhergestellter Menschen zu übernehmen beziehungsweise deren Anweisungen zu vertrauen und zu folgen. Sie sehen, welchen Einfluss nonverbales Verhalten haben kann und welche An- und Untergriffe wir damit gestalten können. Ob Ihr Gegenüber es bewusst oder unbewusst macht – wenn Sie das Spiel durchschauen, sind Sie im Vorteil.

Wo nehmen Sie nonverbales Verhalten in Form von Zustimmung oder Abneigung wahr?
Wann hat Ihnen zuletzt jemand etwas mit einer Geste signalisiert?

CONTRA PUNKT

Wenn Ihnen die Luft wegbleibt, atmen Sie!

Sie sehen bereits: unfaire Kommunikation hat so viele unterschiedliche Facetten. Oft kommt sie in einem Moment, in dem wir nicht damit rechnen, und manchmal mit einer Wucht, die wir nicht erwartet hätten. Unser faszinierendes biologisches System leitet bei Angriffen sofort eine Art Überlebensprogramm ein, das mit der schon erwähnten berühmten Schrecksekunde beginnt. Nach einer kurzen Schockstarre stehen die Optionen fight or flight zur Verfügung. Damit wir weder dauerhaft erstarren noch unkontrolliert zuschlagen oder panikartig aus der Situation flüchten, ist es lebenswichtig, bewusst zu atmen. Befreien Sie sich von dem Druck, sofort einen flotten Spruch parat haben zu müssen. Die wenigsten Menschen sind von Natur aus schlagfertig, und selbst diesen bleibt schon mal die Luft weg, wenn es ihre ganz persönliche Angriffsfläche trifft.

Nehmen Sie das Unverhoffte und auch das Unfaire an, wir Menschen sind von Natur aus so. Wir streben nach Macht und wollen uns und anderen beweisen, dass wir diese Macht haben. Wir versuchen, Macht auszuüben, indem wir andere kleiner machen oder schwächen. Dabei geht es uns nicht um Wahrheit oder Gerechtigkeit, auch wenn das gerne als Deckmantel für Angriffe verwendet wird. Vielmehr geht es darum, Recht zu behalten und den eigenen Willen durchzusetzen.

Der Soziologe Max Weber beschreibt Macht als »Chance, innerhalb einer sozialen Beziehung den eigenen Willen auch gegen Widerstreben durchzusetzen, gleichviel worauf diese Chance beruht«. Diese Chance suchen wir in Hierarchien, Geschlecht, Religion, Rasse, körperlicher oder geistiger Ungleichheit. Wir suchen sie in unseren Beziehungen, in unseren Familien und am Arbeitsplatz. Wenn es darum geht, recht zu behalten, wird mit allen Mitteln gekämpft: mit Worten, mit Blicken und mit Gesten. Wir teilen dabei genauso viel aus, wie wir einstecken müssen. Es mag hart klingen, aber es bringt Ihnen gar nichts, unfaires Verhalten auf ein schlechtes Betriebsklima, fiese Verwandte oder eine zunehmend verrohende Gesellschaft zu schieben.

Was immer verbal über Sie hereinbricht, atmen Sie durch und reagieren Sie erst danach. Reagieren ist der erste Schritt zum souveränen Kontern! Sie haben es in der Hand, wie Sie reagieren. Dazu müssen Sie Ihre eigenen Muster kennen – so können Sie andere einschätzen und Angriffe optimal parieren. In den folgenden Kapiteln werde ich Sie dazu auf eine spannende Reise und intensive Reflexion mitnehmen.

Kommt ein Angriff unverhofft, so

- **atmen Sie,**
- **seien Sie sich der Schrecksekunde bewusst,**
- **nehmen Sie die Situation in die Hand und reagieren Sie,**
- **entscheiden Sie selbst, wie Sie reagieren – Sie sind kein Opfer,**
- **kehren Sie zurück zu Ihrem Ziel.**

Sie müssen nicht sofort und punktgenau schlagfertig sein. Aber nehmen Sie Ihr Gegenüber in die Verantwortung. Das sind Sie sich schuldig.

2.2 Am Lack der anderen kratzen – und selbst glänzen

Haben Sie darüber schon einmal nachgedacht? Warum gibt es sie eigentlich, jene Menschen, deren Hauptlebenszweck scheinbar das permanente Schlechtmachen anderer ist? Diese Frage habe ich mir schon als Kind gestellt, wenn ich gewisse Gespräche der Erwachsenen mithörte. Bereits am Tonfall erkannte ich, wenn bestimmte Mütter (damals sah man kaum Väter) auf Schulveranstaltungen zusammenstanden und ausschließlich negative Befindlichkeiten aufs Tapet kamen. Die heiteren, positiven Naturelle waren in diesen Grüppchen gar nicht oder nur rudimentär vertreten, sie hatten dort offensichtlich keinen Platz – oder wollten sich dieser negativen Energie nicht aussetzen.

Als ich zehn Jahre alt war, bekamen wir während des Schuljahres eine neue Mitschülerin. Ich erinnere mich noch heute sehr genau an Annas Eintreffen: Das schüchterne Mädchen mit den dicken Brillengläsern wurde von seiner Mutter in die Klasse gebracht, was ein gewisses Amüsement der Klassengemeinschaft hervorrief. Später wartete ihre Mutter vor der Schule auf Anna. Sie sah mich gemeinsam mit ihrer Tochter aus dem Gebäude kommen und steuerte sofort zielstrebig auf uns zu. Mit harschem Ton und verkniffenem Gesicht fragte sie mich, ob ich auch eine von diesen falschen Gören sei, die ihrer Tochter sowieso nur Übles wollten. Von diesem unerwarteten Angriff vollkommen überrascht zuckte ich nur mit den Schultern, ich verstand den Vorwurf nicht. Kognitiv konnte ich den Untergriff in keiner Weise zuordnen, intuitiv tat mir Anna einfach leid. Ich wollte mir gar nicht näher vorstellen, was es bedeutet, in einer derart misstrauischen, negativen Umgebung aufzuwachsen. Erst viel später verstand ich, dass diese negative Denk- und Verhaltensweise von Annas Mutter bei Weitem keinen Einzelfall darstellt.

Das Haar in der Suppe

Eine derart negative Grundeinstellung wirkt sich natürlich nicht nur auf das private Umfeld, sondern auch auf das Berufsleben aus. Jeder von uns hat gute und weniger gute Tage, manchmal läuft alles wie am Schnürchen, ein anderes Mal will einfach nichts so recht funktionieren. Das ist das Leben, ohne Tiefen gibt es keine Höhen. Unbequem wird es jedoch, wenn mies gelaunte Zeitgenossen mit ihrer negativen Attitüde ganze Teams emotional nach unten ziehen. Oft werden diese unangenehmen Verhaltensmuster solcher Mitarbeiter von Führungskräften unterschätzt. Erst viel zu spät wird erkannt, dass sie großen Schaden anrichten können. Unbewusst nehmen wir alle viel zu oft Rücksicht auf missmutige, übel gelaunte Zeitgenossen und stellen dabei nicht selten unsere eigenen Bedürfnisse in den Hintergrund. Nicht umsonst gibt es den Spruch »Der Spinner gewinnt immer«.

Ähnlich geht es Barbara, die mir folgende Geschichte schrieb:
»Es gibt Menschen, die höchst unzufrieden mit sich selbst und ihrem Leben sind und deshalb ständig gereizt reagieren. Leider habe ich eine Mitarbeiterin dieser Kategorie. Ich ertappe mich häufig selbst dabei, mir beim Schreiben einer E-Mail oder bei einer persönlichen Frage im Büro schon vorher zu überlegen, was ich sagen könnte, damit keine unfreundliche oder gereizte Reaktion kommt. Oft meide ich den Kontakt, aber das geht natürlich nicht immer. Ich bin dann extrem freundlich und bemüht, nur um keinen Dämpfer zu bekommen. Eigentlich ist das ziemlich unfair allen anderen gegenüber. Und am meisten ärgere ich mich über mich selbst, dass ich mich von so jemandem so negativ beeinflussen lasse und dadurch oft gar nicht ich selbst bin.«

Dazu muss man wissen: Barbara ist die Vorgesetzte, doch ihre Mitarbeiterin diktiert sie! In einem solchen Fall hilft nur ein klärendes Gespräch, und das am besten umgehend. Denn ist dieses Verhalten einmal eingefahren, ist es nur extrem schwer zu ändern – es wird zur Gewohnheit. Ich erlebe in vielen Unternehmen, dass derart negative Menschen mit dem Prädikat »Der/die ist nun einmal so« einfach akzeptiert werden. Das funktioniert auf Dauer nicht! Schauen Sie vor allem als Führungskraft nicht weg, wenn Sie in Ihrer Füh-

Wer andere behandelt wie rohe Eier, riskiert, dass sie zu faulen beginnen.

rungsrolle mit solchen Zeitgenossen zu tun haben, akzeptieren Sie derartiges Verhalten auf keinen Fall. Sie bringen sonst die Motivation Ihres gesamten Teams in Gefahr und riskieren dadurch langfristig den Verlust wertvoller Menschen in Ihrem Unternehmen.

Warum ist das so wichtig? Durch das Akzeptieren eines solchen Benehmens wird die negativ gepolte Person in ihrer düsteren Grundeinstellung noch gestärkt und kann sich ganz in Ruhe ihr Umfeld so einrichten, wie es ihr gefällt. Schritt für Schritt unterminiert sie so das gesamte Team und entledigt sich geschickt aller unliebsamen Aufgaben, weil jeder ja tunlichst bemüht ist, sie um nichts zu bitten.

Menschen, die in jeder Suppe freudig erregt ein Haar suchen, werden auch immer eines finden. Sie gehen ja bereits davon aus und geben diese Tatsache gern und genüsslich weiter. Bemüht kratzen Sie am Lack der anderen und versuchen doch nur, im Umkehrschluss selbst prachtvoll zu glänzen. Während ihr Umfeld noch verzweifelt überlegt, was der Grund für ihr negatives Verhalten sein könnte, haben sie schon den nächsten Stein des Anstoßes gefunden. Dieses Lebensmuster funktioniert deswegen, weil ihr Umfeld Rücksicht nimmt und permanent damit beschäftigt ist, möglichst nett zu sein und nur ja keinen Biss zu riskieren. Zusammenarbeit funktioniert nun einmal nur, wenn im Team ein gewisser Grundtonus herrscht und die Mitglieder aufeinander eingestimmt sind. Menschen mit negativer Grundeinstellung nutzen diese Harmonie des Orchesters weidlich aus und lassen sich einfach mittragen. Ihr eigener Beitrag ist gering – sie schieben die Verantwortung für das Gelingen von Projekten auf die anderen ab. Genervt von ihrem vermeintlich enormen Arbeitspensum, von dummen Kunden und unfähigen Kollegen hoffen sie, der Tag möge schnell vorübergehen. Sie hassen Montage und lieben Freitage. Ihre Geschichten in der Kaffeeküche sind geprägt von Problemen, das zieht sich auch durch ihren gesamten Sprachgebrauch. Wir erkennen diese Spezies an Aussagen wie »So typisch!« oder »Dann hat sie natürlich wieder einmal …« oder »Das war ja so klar!«. Erstaunlicherweise finden sie immer wieder eine Bühne. Sie heften sich besonders gerne harmonieorientierten Menschen an die Fersen, um sie mit ihren destruktiven Gedanken als Müllhalde zu missbrauchen. Und ehe man sich's versieht, ist man schon mittendrin und die Höflichkeit gebietet, zumindest eine kurze Zeit zuzuhören.

Natürlich treffen wir diese Menschen nicht nur im beruflichen Alltag an. Genauso wie wir haben Miesepeter auch Freizeitaktivitäten. Bestimmt sind auch Sie schon einmal auf einer Party genau dem anstrengendsten Gast zum Opfer gefallen. Plötzlich fanden Sie sich mit dieser Person allein in der Küche Ihrer Gastgeber. Die anderen Gäste hatten den Typ nämlich sofort erkannt und entsetzt die Flucht ergriffen. Ihre Gedanken kreisen jetzt nur mehr darum, wie Sie sich möglichst schnell aus dieser Situation retten können, doch so einfach geht das nicht. Dazu müssten Sie nämlich konkret sagen, dass Sie das Gelaber nicht interessiert – und das lässt die uns brav antrainierte Etikette des Small Talks nun einmal nicht zu. Also bleiben Sie ergeben stehen und nutzen dann den erstmöglichen Zeitpunkt zur Flucht. Für den Miesepeter macht es keinen Unterschied. Sie hätten auch schon viel früher gehen können. Er sucht sich ohnehin gleich das nächste Opfer. So verbringt er den ganzen Abend und kommt gut damit durch.

Wer sind die negativen Personen in Ihrem Umfeld?
Welche Maschen nutzen sie? Und vor allem: Kommen sie mit diesen Maschen bei Ihnen durch oder haben Sie schon gelernt, ablehnend zu kontern?

Dienst nach Vorschrift

Betrachten wir diese pessimistischen, schlecht gelaunten Menschen näher und suchen nach einem Grund für ihr Verhalten, so erkennen wir häufig das Vermeiden unliebsamer Aufgaben als ihr hohes Ziel. Würden wir einen Euphemismus, also eine Schöndarstellung der Tatsachen verwenden, dann wäre das wohl »Energieoptimierer«: Sie wollen den notwendigen Output mit minimalem Aufwand erreichen.

Erwarten Sie im Team niemals überdurchschnittlichen Einsatz oder besonders kreative Ideen von diesen Personen. Sie werden sie nicht bekommen. Im Gegenteil: Wenn andere Vorschläge einbringen, reagieren negative Personen bereits nonverbal darauf – sie lehnen sich häufig zurück, verschränken die Arme und legen den Zeigefinger vor die Lippen. Mit zusammengekniffenen Augen denken sie – für alle sichtbar – kritisch über den Vorschlag nach. Genauer gesagt denken sie über den besten Einwand nach, denn Veränderungen oder gar Neues sind ihnen zuwider. Sie leben in einer Blase, die sich »Dienst nach Vorschrift« nennt, und haben keinerlei Motivation, diese zu verlassen.

Sie finden das übertrieben? Ganz und gar nicht. Das Konzept der Leistungsmotivation wurde bereits in den 1950er-Jahren entwickelt. Psychologen wie der US-Amerikaner John William Atkinson beschäftigten sich mit der Frage, wie sich Menschen in Anbetracht von Arbeitsaufgaben und Risiko verhalten, denn schon vor Jahrzehnten war offensichtlich, dass es unterschiedliche Grundtypen gibt. Ob jemand eine Aufgabe in Angriff nimmt oder nicht, hängt davon ab, ob Hoffnung auf Erfolg oder Furcht vor Misserfolg besteht. Denn wer auf Erfolg hofft, erlebt als Folgegefühl Stolz. Wer sich vor Misserfolg fürchtet, erlebt als Folgegefühl Scham. Schon im Kleinstkindesalter entstehen Emotionen auf Erfolg und Misserfolg, und bereits im Vorschulalter lassen sich Handlungskonzepte bei Kindern erkennen. Dieses Handeln (erfolgs- oder misserfolgsorientiert) kann sich zu einem Persönlichkeitsmerkmal ausprägen und Menschen ein Leben lang begleiten.

Erfolgsmotivierte Menschen beweisen sich gerne, nehmen Herausforderungen an und zweifeln nicht an ihren Kompetenzen. Sie werden deshalb auch Erfolgssucher genannt. Das bedeutet nicht, dass sie keinen Misserfolg haben können. Doch der Stolz über erreichte Leistungen ist größer als die Scham, wenn etwas schiefgeht. Misserfolge werden als Chance zur Verbesserung betrachtet. Ganz nach dem Motto »laufen, hinfallen, aufstehen, weiterlaufen«. Misserfolgsmotivierte Menschen hingegen nehmen oft zu einfache oder zu schwierige Aufgaben an und zweifeln dann an ihrem Können. Da Misserfolg bei ihnen Scham auslöst – und zwar mehr, als Erfolg Stolz auslöst, versuchen sie, Misserfolge zu vermeiden, und werden auch Misserfolgsvermeider genannt. Haben sie einmal Erfolg, schreiben sie dies dem Zufall oder der Einfachheit der Aufgabe zu, jedoch nicht ihrer eigenen Kompetenz. Bei Misserfolgen bestätigt sich ihr geringer Selbstwert.

Die Tatsache, dass Leistungsmotivation unterschiedlich ausgeprägt ist, sollte allen Führungskräften bewusst sein. In jedem Team finden sich unterschiedliche Ausprägungen. Das bedeutet nicht, dass ausschließlich die Erfolgssucher dem Unternehmen nützlich sind. Ganz im Gegenteil: Wir brauchen auch die Misserfolgsvermeider. Doch sie benötigen eine andere Motivation, klarere Kommunikation, mehr Sicherheit und Kontinuität als die Erfolgssucher. »Sieh es doch als Herausforderung!« ist ein rotes Tuch für den Misserfolgsvermeider, genauso wie »Heute machen wir einmal etwas ganz anderes«. Dagegen kann Lob für besonders gründliche Arbeit oder sorgfältige Kundenpflege für ihn sehr motivierend sein. Achten Sie als Kollegin, Kollege oder Führungskraft darauf, auch wenn Sie ein anderer Typ sind. Lassen Sie es sich jedoch nicht gefallen, wenn die Person übellaunig reagiert – bringen Sie es sofort zur Sprache. Wenn Sie wertschätzenden, typgerechten Umgang mit dem klaren Aufzeigen von Verhaltensgrenzen kombinieren, sind Sie auf dem richtigen Weg.

Hätte ich doch nur!
Gerald ist Buchhalter und Bilanzierer. Seit zehn Jahren ist der Mittvierziger nun im selben Unternehmen tätig und liebt seine Aufgabe und das kollegiale Arbeitsumfeld. Vor Kurzem jedoch hat eine Kollegin in seine Abteilung gewechselt und den Arbeitsplatz genau ihm gegenüber eingenommen. Geralds Aufgabe ist es, Petra einzuschulen und ihr alle Abläufe näherzubringen. Motiviert und guter Dinge beginnt Gerald mit dem Wissenstransfer, doch die neue Kollegin scheint unbeeindruckt. Ständig schüttelt sie den Kopf und bläst hörbar Luft durch die Lippen. Mit Kommentaren wie »Also bitte, ich glaube nicht, dass das so funktionieren kann!« bringt sie Gerald an die Grenzen seiner an sich engelhaften Geduld. Da die beiden vereinbart haben, dass Gerald ihr am Vormittag Neues

erklärt und sie am Nachmittag selbstständig arbeitet, ist er jeden Tag froh, wenn es Zeit für die Mittagspause ist. Doch auch am Nachmittag hört Gerald ständig missmutiges Murmeln, zynisches Schnauben und sieht die skeptische Miene seiner neuen Kollegin. Er versucht, im Ausgleich dazu betont freundlich und nett zu Petra zu sein, aber ihre Laune bleibt um den Gefrierpunkt.

Nach zwei Wochen bemerkt Gerald, dass er morgens Magenschmerzen hat. Erst kann er sich nicht erklären, woher die Schmerzen kommen, aber bald fällt ihm auf, dass sie nachlassen, sobald die Kollegin nicht im Büro ist. Nachdem ihn Petra ja nicht direkt angreift, findet er auch kein stichhaltiges Argument, sie anzusprechen. Mit seinem Abteilungsleiter will er lieber auch nicht darüber sprechen, denn er fürchtet, wegen so einer Lappalie als Weichei abgestempelt zu werden. Doch je länger Gerald Petras sauertöpfische Miene und ihr unterschwelliges, negatives Gemurmel über sich ergehen lässt, desto stärker manifestieren sich seine Magenschmerzen. Gerald muss schlussendlich einen Arzt aufsuchen. Dieser sieht ihn nach der Untersuchung prüfend an und meint dann: »Was haben Sie denn so lange schweigend hinuntergeschluckt?«. Dann schreibt er ihn für zwei Wochen krank und meint, es werde lange Zeit in Anspruch nehmen, diesen hoch gereizten Magen wieder in den Griff zu bekommen. Hätte Gerald doch nur rechtzeitig gekontert und dem Spiel ein Ende bereitet!

Was Gerald erlebt hat, wünscht sich wohl niemand – jedoch kennen es viele von uns. Gerade, wenn es keine direkten Angriffe sind, unterschätzen wir die Intensität und Auswirkung negativer Energie, die ständig bei uns aufprallt. Pessimisten können auf diese Weise ungebremst walten und ihren Launen freien Lauf lassen. Daher gilt mein dringender Appell allen Mitarbeiterinnen und Mitarbeitern, die nicht sofort eine Führungskraft in ihre Probleme involvieren möchten: Sprechen Sie die betreffende Person an. Sagen Sie, dass Ihnen ihr Verhalten schon länger auffällt. Fragen Sie, ob sie Sorgen hat oder es ihr nicht gut geht. Sie werden erstaunt sein: Meist reagieren solche Menschen überrascht auf diesen Konter, weil sie in keiner Weise gewöhnt sind, auf ihr Verhalten angesprochen zu werden. Nun hat die Person die Möglichkeit, Ihre Frage einfach abzutun (»Wieso? Nein, gar nicht – alles in Ordnung!«) oder wirklich zu artikulieren, was sie stört. In beiden Fällen weiß sie jedoch, dass ihre Vorgehensweise beim nächsten Mal nicht mehr gelten wird. Warum sollte sie übellaunig sein, wenn doch alles in Ordnung ist? Warum soll sie wieder meckern, wenn sie darüber gesprochen hat, was sie stört, und sie gemeinsam nach einer Lösung gesucht haben?

Vergessen Sie nicht: Solche Personen leben meist davon, dass ihr ominöses Verhalten eine Grauzone bleibt und niemand sie anzusprechen wagt. Deshalb reicht in vielen Fällen ein einmaliger, präziser Konter, um dem Verhalten einen Namen zu geben und es sichtbar zu machen.

Haben Sie schon einmal bewusst auf negatives Verhalten reagiert? Wenn ja, wie?
Und was hat sich dadurch verändert?

Der Kaffeefleck

Abgesehen von jenen negativen Zeitgenossen, die tunlichst Herausforderungen meiden und mit ihrer schwankenden Laune unsere Nerven strapazieren, gibt es eine noch schwierigere Spezies. Menschen, die mit Absicht andere schlechtmachen, um selbst besser dazustehen. Auch sie erkennt man oft schon an ihrer Körpersprache und Mimik. Dabei unterscheiden wir jene, die sich offensiv-kritisch und jene, die sich defensiv-kritisch verhalten. Offensive Kritiker sprechen zum Beispiel im Meeting die vortragende Person direkt an: »Sind Sie wirklich sicher, dass Ihre Aussage stimmt?« Sie nehmen dabei direkten Blickkontakt auf und machen deutlich, wer der Adressat ihrer Kritik ist. Gerne darf das jeder im Raum mitbekommen, der offensive Kritiker braucht eine Bühne, um sich selbst stark zu fühlen.

Anders verhält sich der defensive Kritiker: Er bleibt über lange Strecken ruhig und versucht, die vortragende Person dann durch subtile Kommentare oder Randbemerkungen in ein schlechtes Licht zu rücken: »Das hätte ich selbst auch herausgefunden« oder »Na ja, bei der ewig langen Vorbereitungszeit musste ja auch etwas herauskommen«. Den Blick richtet der defensive Kritiker oft nicht direkt auf seine Zielperson, sondern er richtet seine Aussagen gerne auch einfach so in den Raum oder an seinen Sitznachbarn – damit wird niemand direkt angesprochen, doch jeder weiß, wer gemeint ist.

In beiden Fällen bedarf es einer sofortigen Reaktion, besonders auf den defensiven Kritiker, denn er ist extrem unfair. Seine Unterstellung bleibt automatisch an der kritisierten Person haften, wenn diese nicht umgehend kontert und den Kritiker coram publico zur Verantwortung zieht. Das Gesagte bleibt auch haften, wenn es noch so weit an den Haaren herbeigezogen ist.

So wie mir Sebastian, ein vierzehnjähriger Schüler, kürzlich unglücklich erzählt hat:
»Eine unserer Lehrerinnen hat es offenbar auf mich abgesehen. Wenn ich mich zu einem Thema melde, macht sie immer einen Zusatz wie ›Oh, der Sebastian ist auch wieder aufgewacht!‹ oder ›Da reißt sogar unser Sebastian den Arm hoch!‹. Ich weiß nicht, warum sie das macht und wie ich reagieren soll. Daher ignoriere ich die Aussage einfach.«

Das ist nicht ideal. Das Verhalten, das Sebastian gewählt hat, ist ein bewusstes Nicht-Reagieren. Er versucht damit, der Lehrerin keinen weiteren Nährboden für ihre provokanten Aussagen zu geben. Leider hält sie das nicht davon ab, immer weiter zu sticheln. Sebastian wird nicht umhinkommen, die Lehrerin konkret anzusprechen. Ihr Motiv kann vielseitig sein, jedoch lässt sich aus ihrem Verhalten schon einmal eindeutig schließen, dass sie ihm nicht auf Augenhöhe begegnet. Sie muss ihn kleiner machen, um sich in ihrem eigenen Status gut zu fühlen. Daher ist Sebastian gut beraten, sie nicht direkt im Unterricht vor der Klasse anzusprechen – das würde mit großer Wahrscheinlichkeit eine erneute, heftigere Attacke provozieren. Besser ist es, nach dem Unterricht um ein kurzes Gespräch unter vier Augen zu bitten. Sebastian hat so die Möglichkeit, der Lehrerin die Situation aus seiner Sicht zu schildern und ihr klarzumachen, dass ihn ihre Aussagen treffen. Die Lehrerin hat die

Chance, ihr Verhalten zu ändern, ohne ihr Gesicht zu verlieren. Sebastian gibt ihr die Macht zu entscheiden – doch tatsächlich ist er die souveräne Persönlichkeit, denn er hat die Größe, sie anzusprechen.

Diese Vorgangsweise bringt einen weiteren Vorteil mit sich: Ist das Thema einmal beim Namen genannt und ausgesprochen, wird Sebastian – im Fall, dass die Lehrerin ihr Verhalten nicht ändert – so leichter weitere Schritte unternehmen und Eltern oder Schulleitung einbinden können. Die Lehrerin kann sich dann nicht darauf ausreden, dass sie ja von nichts wusste.

Menschen wie Sebastians Lehrerin haben es sich zur Strategie gemacht, anderen einen Kaffeefleck zu verpassen. So, als ob Sie im Vorbeigehen jemand mutwillig mit den Resten aus seiner Kaffeetasse bekleckern würde. Auch wenn Ihr Umfeld sieht, dass diese Person Sie bekleckert hat, und das als unfair wahrnimmt, bleibt der Fleck an Ihnen haften und Sie müssen den Rest des Tages damit herumlaufen. Würden Sie sich das gefallen lassen? Bestimmt nicht. Sie würden diesen boshaften Zeitgenossen vermutlich am Ärmel packen und fragen, was das soll. Leider ist es in der Kommunikation oft ganz anders: In Coachinggesprächen erzählen mir Menschen immer wieder, dass sie von der Attacke überrumpelt waren und nicht wussten, was sie auf die Schnelle tun sollten. Daher ließen sie den Angreifer ungeschoren davonkommen. Stunden danach fiel ihnen ein, was sie hätten sagen können. Doch dann ist es zu spät. Die Chance ist vertan. Der Kaffeefleck ist eingesickert und bleibt haften.

Wir werden in den folgenden Kapiteln noch näher betrachten, wie Sie auf diese und andere Attacken im Detail und spezifisch reagieren können. Grundsätzlich ist es jedoch wichtig, dass Sie reagieren, und zwar sofort. Ein schlichtes »Wie bitte?« oder »Wie meinst du das?« zwingt auch defensiv-kritische Personen, die nur am Rande einen kleinen unauffälligen Kommentar machen, ihren Angriff zu erklären. Dazu brauchen Sie keinen Rhetorikkurs zu belegen, denn diese beiden kurzen Konter bewirken beachtliche Veränderungen. Dem Angreifer wird dadurch nämlich umgehend klar, dass Sie nicht der richtige Empfänger für diese Spielchen sind. Er wird seine negative Energie künftig bei anderen Personen ablassen, denn Gegner, die sofort und scharfzüngig kontern, sind ihm viel zu unbequem.

Wann wurden Sie beruflich oder im privaten Bereich das letzte Mal kritisiert?
War die Kritik offensiv oder defensiv?
Wie haben Sie reagiert?

Der interessierte Kollege

Wenn es um Karrieremöglichkeiten im Unternehmen geht, werden oftmals die Ellenbogen kraftvoll eingesetzt und je nach Verhaltenstypus mehr oder weniger subtil die eigenen Vorzüge zur Schau gestellt. Schließlich ist es jetzt besonders wichtig, bei den richtigen Personen im richtigen Glanz zu erscheinen, und auch hier wieder gerne auf Kosten unliebsamer Mitbewerber. Die Möglichkeiten sind vielfältig und gehen weit über den fachlichen Kompetenzbereich hinaus. Denn es werden nicht nur eine bessere Ausbildung oder mehr Berufserfahrung eingesetzt, um zu glänzen, sondern auch optische Vorzüge, die Herkunft oder das Geschlecht.

So erlebt es Projektleiterin Maria, die mir Folgendes schreibt:
»Ich habe oft den Eindruck, dass Frauen in Männerdomänen durch manche Männer in vordergründig wertschätzender, aber in Wirklichkeit abwertender Weise auf ihr Muttersein reduziert werden. Das passiert zum Beispiel durch häufige Fragen vor einer Gruppe nach den Kindern und deren Versorgung, nach Freizeitaktivitäten mit den Kindern oder der Befindlichkeit in der Schwangerschaft. Die fachliche Kompetenz wird meiner Meinung nach durch ständiges Aufwerfen solcher privaten Themen vor versammelter Projektgruppe untergraben. Ich habe das schon des Öfteren erlebt und es ist schwer, hier die Grenze zwischen freundlichem Interesse und verstecktem Angriff zu finden. Ich habe in solchen Fällen meist mit einer kurz angebundenen Antwort und dem Hinweis, dass wir beim Thema bleiben sollten oder dass später in der Pause Platz für private Themen sei,

reagiert. Diese Dinge nagen aber dann oft im Verborgenen sowohl an den Teilnehmern als auch an mir selbst als Mutter zweier Kinder und Teilzeitbeschäftigte. Und eine der negativen Folgen ist, dass man ungewollt seine eigenen Grenzen überschreitet (etwa zu Terminen ständig auch außerhalb der Arbeitszeiten ins Büro kommt), um allen zu beweisen, dass man mitten im Job steht, alles unter einen Hut bringt, für die Position trotz Teilzeitbeschäftigung geeignet ist – das natürlich zulasten der eigenen Familie, Work-Life-Balance und Gesundheit.«

Maria beschreibt treffend den schmalen Grat zwischen freundlicher Nachfrage und dem Lenken des Fokus auf Randthemen, die von ihrer Kompetenz ablenken. Besteht sie hier zu stark darauf, doch bitte beim eigentlichen Thema des Meetings zu bleiben, kann ihr schnell unterstellt werden, sie sei verbissen und unlocker. Beantwortet sie alle Fragen zu ihrem Familienleben, unterstützt sie damit die Absicht des Fragestellers, den Fokus genau darauf zu lenken. Was entsteht, ist auf den ersten Blick eine Dilemmasituation, in der Maria nur verlieren kann. Hier ist es für sie vor allem wichtig, keine Motivforschung zu betreiben (Warum sagt er das? Was will er damit erreichen?), sondern sich das Motiv selbst auszusuchen. Sie haben richtig gelesen: Wir können uns das Motiv des anderen selbst aussuchen – das heißt, wir machen eine Annahme und auf diese reagieren wir dann. In Marias Fall kann sie zum Beispiel annehmen, dass der Kollege interessehalber nachfragt, weil er eine ähnliche Situation hat. Auf Basis dieser Annahme kann sie nun reagieren, ohne Status zu verlieren, weil sie sich nicht angegriffen fühlt. Sobald wir uns nämlich angegriffen fühlen, verändern sich unsere Körperhaltung und unsere Stimme. Alle im Raum merken dann sofort, dass wir uns im Verteidigungs- oder Gegenangriffsmodus befinden, auch wenn wir betont sachlich bleiben.

Nimmt Maria die Frage als wertschätzende Interessensfrage an, so wird sie diese mit ein bis zwei Sätzen beantworten und sich dann höflich nach dem gleichen Thema bei ihrem Kollegen erkundigen: »Wie geht es dir mit Homeoffice und den Kindern?« So muss auch er die Frage beantworten, es herrscht sofort Ausgewogenheit zwischen den Themen. Will der Kollege die Diskussion breittreten, kann Maria immer noch darauf verweisen, dass sie sich nach dem

Meeting gerne darüber austauschen können. Oder sie beendet die Fragestunde charmant, aber konkret: »Das ist sehr spannend, würde aber jetzt unseren Rahmen sprengen. Also – starten wir mit unserem Thema durch!«

Sie sehen, es gibt Möglichkeiten, auf Augenhöhe zu bleiben, auch wenn die Situation vordergründig unausweichlich wirkt. Wichtig ist, dass Sie sich nicht in die Opferrolle drängen lassen. Das gelingt am einfachsten, wenn sie einen Angriff erst gar nicht als solchen interpretieren. Suchen Sie sich also das Motiv des anderen ganz frei aus und unterstellen Sie ihm beste Absichten. Dann bleiben Sie im Konter freundlich und wertschätzend und laufen nicht Gefahr, in Emotion zu geraten. Denn zu starke Emotionen sind beim Kontern niemals ein guter Ratgeber!

Neben der Gender-Situation bieten Merkmale aller Art ein großes Betätigungsfeld für diese Zeitgenossen. Sie schaffen es, praktisch alles, was Menschen voneinander unterscheidet, als Thema für ihr kollegiales Interesse zu verwenden. Versteckt sind jedoch immer Vorurteile, Klischees und Verallgemeinerungen vorhanden. »Wie geht es dir als ... mit diesem Thema?« Setzen Sie hier beliebig ein: Mann, Frau, Schwarzer, Muslima, Migrant – die Liste ist endlos. Wer es hier schafft, ganz freundlich-unbedarft zu antworten und sofort eine Gegenfrage zu stellen, behält Status und bleibt in Führung. So erzählte mir mein Kunde Martin stolz, er sei wieder einmal auf sein Alter (er ist mit zweiunddreißig Jahren bereits Seniorberater) angesprochen worden (um seine Kompetenz zu untergraben) und habe treffend gekontert, weil er die Anspielung darunter nicht als Angriff interpretiert hat. Martin hat sich das Motiv des Gegners einfach selbst ausgesucht und ihm eine positive Absicht unterstellt. So entkam er der Gefahr, in einen Modus der Rechtfertigung zu verfallen.

Kunde: »Das sehen Sie aus der jungen Generation sicher anders, aber dieses Investment muss langfristig überdacht werden.«
Martin: »Keine Frage – da unterscheiden sich die Generationen gar nicht so stark, denke ich.«

Welche freundlich verpackte Nachfrage betrifft Sie häufig?
Welche dieser Klischees bedienen Sie selbst vielleicht gerne anderen gegenüber?

Sie haben die Wahl – mit dem Angreifer glänzen

Nachdem wir in diesem Kapitel nun einige Stilmittel und Motive von Angriffen betrachtet haben, zeigt sich deutlich: Nicht immer ist ein Angriff als solcher erkennbar. Je nach Verhaltenstypus kann er charmant, freundlich, lustig, launisch oder vorwurfsvoll verpackt sein. Die gesamte Palette ist möglich. Besonders positiv denkende Menschen oder jene, denen Harmonie sehr wichtig ist, lassen negative Zeitgenossen oft zu lange gewähren, ohne aktiv einzugreifen. In Unternehmen erleben wir häufig, dass Vorgesetzte wegschauen, ein Thema beiseiteschieben, weil es unangenehm ist. Einen Menschen anzusprechen, der im Grundtypus negativ und ein Misserfolgsvermeider ist, erfordert höchste Courage. Da wird so manches Mal lieber riskiert, wertvolle Teammitglieder zu verlieren, als Klartext zu sprechen.

Sind Sie als Führungskraft, Kollegin oder Kollege selbst von dem unangenehmen Kommunikationsgebaren solcher Person betroffen, kann ich Ihnen nur empfehlen: Packen Sie die Situation noch heute an. Nicht morgen, und warten Sie schon gar nicht auf einen günstigen Zeitpunkt. Ich garantiere Ihnen: Der wird nie kommen! Was können Sie also machen? Zuerst gestehen Sie sich ein, dass Sie eindeutiges Ziel eines Angriffes geworden sind. Reden Sie sich unfaires Verhalten anderer nicht schön, sehen Sie den für Sie im Moment unangenehmen Tatsachen ins Auge. Wenn ein Verhalten sich bereits etabliert hat, laden Sie die betreffende Person zu einem Gespräch und konkretisieren Sie das Thema klar und präzise. Machen Sie sichtbar, was Sie wahrnehmen und empfinden. Solange die Attacken schön im Nebel bleiben, kann die gegnerische Person nämlich im selben Fahrwasser weitermachen – schließlich hat sich ja nie jemand beschwert.

Wenn die Problematik jedoch einmal ausgesprochen ist, wird sie sichtbar und somit auch veränderbar. Je nach der Art des Angriffes wählen Sie auch Ihren Konter. Die Kunst dabei ist, dass Sie den Angriff zwar durchschauen, aber nicht mit einer Rechtfertigung oder einem Gegenangriff reagieren. Auch hier gilt: Wenn die Attacke freundlich verpackt ist, suchen Sie sich das zugrunde liegende Motiv einfach aus (zum Beispiel möchte ihr Gegenüber ja nur wissen, wie Sie als Mann/Frau das sehen), beantworten Sie es sachlich und fragen dann auch hier in gleicher Weise zurück. So behalten Sie die so wichtige Augenhöhe und bleiben in Führung. Der Angreifer und auch Ihr Umfeld spüren dadurch Ihre Souveränität und positive Einstellung. Sie gelten dann nicht als Spaßverderber, setzen aber charmant und klar Ihre Grenzen.

Wird ein Angriff vorwurfsvoll und anklagend abgeliefert, bieten Sie an, gemeinsam nach einer Lösung zu suchen. Offenbar hat Ihr Gegenüber Schwierigkeiten, um Hilfe zu bitten, oder halst sich einfach zu viel auf – das ist Ihr Rückschluss – und darauf reagieren Sie. Entschuldigen Sie sich aber absolut *niemals* für etwas, das nicht in Ihrer Verantwortung liegt.

Kommt ein Angriff unverhofft, so

- **gestehen Sie sich den Angriff ein,**
- **reden Sie sich die Lage nicht schön,**
- **reagieren Sie umgehend,**
- **machen Sie das Verhalten des Angreifers sichtbar,**
- **kontern Sie freundlich, wenn der Angriff in Freundlichkeit verpackt ist.**

Viele Angriffe funktionieren nur in der Tarnung. Sobald Sie diese ansprechen und enttarnen, nehmen Sie dem Angreifer den Nährboden.

2.3 Mögliche Angriffsflächen – wo es besonders schmerzt

An einer meiner frühen beruflichen Stationen hatte ich einen Vorgesetzten, der mir ständig die Welt erklärte. Und nicht nur die Welt, sondern auch alles, was man braucht, um in ihr zu überleben. Erledigte ich eine Aufgabe, hatte er ausnahmslos etwas zu ergänzen. Was immer ich tat und leistete, nichts schien ihn zufriedenzustellen. Ich bekam zunehmend das Gefühl, dass er mich für nicht ausreichend intelligent hielt, um in den in seinen Augen heiligen Hallen dieses Unternehmens tätig zu sein. Seine Art brachte mich langsam, aber sicher zur Weißglut. Als er mit seinem Strom von Belehrungen wieder einmal kein Ende fand und ich innerlich zu toben begann, wurde mir klar, dass ich die Situation nicht mehr länger ignorieren konnte. Ich ging in mich und stellte mir die Frage, was mich an diesem Menschen so immens aufregte. Meine Kollegin nahm ihn doch auch vollkommen gelassen hin. »Lass ihn halt reden, der braucht das«, erklärte sie mir ihre Einstellung. Mir wurde dann schnell klar, dass er mit seinen Aussagen mich – ganz anders als meine Kollegin – auf einer sehr persönlichen Ebene traf. Warum aber nahm ich es denn so persönlich? Das wusste ich damals noch nicht, erst später wurde mir klar, dass es sich um eine klassische Angriffsfläche handelte, die er bei mir traf: die Intelligenz. Und auf diesen Angriff reagierte ich natürlich mit entsprechender innerer Heftigkeit. Sie können sich vorstellen, wie erleichtert ich war, als der neunmalkluge Mann eine andere Abteilung übernahm und ich endlich aus dem Fokus seiner verbalen Salven treten konnte.

Wir werden in diesem Kapitel weitere mögliche Angriffsflächen betrachten, die bei jeder Persönlichkeit unterschiedlich gewichtet sind. Je nachdem, welche Fläche unser Gegner trifft, schmerzen die Angriffe dann mehr oder eben weniger.

Sich selbst kennenzulernen erfordert mehr Mut, als sich mit anderen zu beschäftigen.

Wilhelm Tell oder: Vorbereitung ist alles

Der erste Schritt ist auch hier, zu erkennen und sich einzugestehen, dass es sich um einen Angriff handelt. Wir müssen – wie schon erwähnt – den Angriff in unserem Konter dann ja nicht unbedingt als solchen behandeln, es geht nur darum, wieder einmal die Mechanismen zu erkennen, die jetzt im Gehirn ablaufen. Biologisch wird nach der ersten Schockstarre eine ganze Reihe von Prozessen ausgelöst, und wir wählen darauf basierend die Flucht oder einen Gegenangriff. Wählen bedeutet jedoch nicht, dass wir uns bewusst für eine der beiden Optionen entscheiden. Das erledigt nämlich ein Teil von uns ganz intuitiv, je nachdem, welcher Verhaltenstypus wir sind: Wer eher harmonieorientiert ist, tendiert meist zur Flucht, zieht sich also durch Rechtfertigung oder Nichtreagieren aus der Affäre. Wer eher distanzorientiert ist, wird schon mal kräftig zurückschlagen, um dem Gegner seinen Platz aufzuzeigen.

Sind Sie sich jedoch über die Prozesse, die da in Ihnen ausgelöst werden, mehr und mehr im Klaren, so können Sie bereits den Moment der Schockstarre nutzen, um bewusst eine Entscheidung zu treffen. Natürlich wird Ihr Verhaltenstypus dabei instinktiv immer mitmischen, aber Sie behalten trotzdem das Heft in der Hand und können, wenn es die Situation erfordert, auch gegen Ihr sonst übliches Verhalten handeln. So, wie es dem mittelalterlichen Wilhelm Tell ging, der später zum Nationalhelden der Schweiz erhoben wurde: Nachdem er nicht bereit war, sich lächerlichen Anweisungen der Obrigkeit zu beugen, bestrafte ihn der Landvogt damit, dass er mit der Armbrust einen Apfel vom Kopf seines Sohnes schießen musste. Tell tat es und traf den Apfel, hatte jedoch für den anderen Fall einen zweiten Pfeil dabei – der wäre für den Vogt gewesen.

Der Held wusste, dass er der grausamen Anweisung, auf seinen eigenen Sohn zu zielen, nicht entkommen konnte, war aber vorbereitet. Hätte er seinen Sohn getötet, so wäre das auch das Ende für den grausamen Vogt gewesen. Und so sollten auch Sie es handhaben: Sie müssen ja nicht gleich mit einer Armbrust aufkreuzen, aber seien Sie stets vorbereitet! Angriffe finden immer wieder statt und werden Sie immer unterschiedlich stark treffen. Sie haben auch jedes Mal die Wahl, angemessen zu kontern und sich nicht von Ihren Emotionen steuern zu lassen. Denn Emotionen werden immer ausgelöst, wenn eine Attacke Sie trifft – das kann Enttäuschung, Ärger oder Wut sein. Deshalb ist es auch so wichtig, die eigenen empfindlichen Stellen gut zu kennen, um vorbereitet zu sein.

Genau das hätte auch Michael und Katharina geholfen, denn die beiden durften gleich bei ihrer Hochzeit ihre Angriffsflächen kennenlernen. Katharina schreibt mir:
»Bevor Michael und ich dieses Jahr geheiratet haben, waren wir zehn Jahre lang verlobt. Michael kommt von einem Bauernhof, seinen Eltern sind Tradition und Ansehen im Ort wichtig. Ich selbst bin im Marketing eines Industriebetriebs tätig, genieße aber unsere Wohnung im Bauernhof. In den letzten circa fünf Jahren kamen immer wieder Anspielungen meiner Schwiegermutter, dass sie und der Schwiegervater sich so sehr über Enkelkinder freuen würden. Ich habe ihr dann irgendwann einmal erzählt, dass auch wir uns freuen würden, es aber bisher noch nicht geklappt hat. Sie hat verständnisvoll reagiert und das Thema nicht mehr angesprochen. Bis zu unserer Hochzeit. Wir saßen im Gasthaus bei der Feier, und eine Tante fragte die Schwiegermutter: ›Na, genießt ihr eure Freizeit, seit der Sohn den Hof übernommen hat?‹, und die Schwiegermutter sagte laut in meine Richtung: ›Vielmehr würden wir die Zeit genießen, wenn wir endlich Enkelkinder hätten!‹ Plötzlich gingen alle Blicke in meine Richtung. Mir wurde heiß und kalt zugleich. Das Schlimmste aber war: Ich schämte mich!«

Ich kann so gut mit Katharina fühlen. Attacken dieser Art – noch dazu vor Publikum auf einer Feier, die der Freude gewidmet sein sollte – sind am schmerzhaftesten. Die Schwiegermutter kannte Katharinas empfindlichste Stelle, weil ihr Katharina in diesem offenen Gespräch Jahre zuvor davon erzählt hatte. Die gute Schwiegermutter hatte lange gewartet, um dann punktgenau am Hochzeitstag hineinzustechen. Es ist kaum möglich, dabei nicht in Emotion zu geraten. Und gerade dann, wenn Schamgefühle ausgelöst werden, werden wir zum Opfer. Für Katharina ist wichtig, das zu wissen, auch wenn sie es im Moment des Angriffes nicht ändern kann. Aber sie kann Luft holen, Blickkontakt aufnehmen und die Schwiegermutter zur Verantwortung ziehen. Dabei hat sie die Wahl, weichen oder harten Konter zu setzen. Ich empfehle im ersten Schritt die vermeintlich weiche Version: »Ja, liebe Schwiegermutter, das wäre schön!« Katharina pflichtet der Schwiegermutter bei, stellt sich also auf dieselbe Stufe und betrachtet mit ihr gemeinsam die Situation. Trotz des charmanten Konters macht sie deutlich, dass sie sich in keiner Weise für das Glück der Schwiegermutter verantwortlich fühlt. Nun müsste die Schwiegermutter beharrlich bleiben und nachhaken, was nach dem ersten fehlgeschlagenen Angriff vermutlich nicht mehr stattfindet. Schließlich läuft sie Gefahr, von der Gesellschaft als »böse Schwiegermutter« entlarvt zu werden – das würde sie kaum riskieren. Setzt die Schwiegermutter noch eins drauf, wird auch Katharina eine Stufe härter: »Ich verstehe deine Wünsche, in erster Linie betrifft das Thema jedoch Michael und mich.« So steigert sie die Intensität des Konters, ohne vor der Gesellschaft der Schwiegermutter die Würde zu nehmen und vor allem ohne sich zu rechtfertigen. Katharina behält ihren Status und macht sich damit weniger angreifbar.

Was Katharina nach diesem Erlebnis auf jeden Fall klar ist: Das Thema Familienplanung ist eine Angriffsfläche, auf die sie vorbereitet sein sollte. Wie der Held Wilhelm Tell sollte sie einen Pfeil im Köcher haben, der im Fall des Falles einsatzbereit ist. Der Pfeil – in Form eines treffenden Konters – lässt sich übrigens hervorragend präparieren. Seien Sie Ihr eigener Advocatus Diaboli, also der Anwalt des Teufels, und überlegen Sie, mit welchen Anspielungen oder Angriffen man bei Ihnen so richtig ins Schwarze treffen könnte. Darauf basierend bereiten Sie einen passenden Konter vor und platzieren diesen in Ihrem imaginären Köcher. Sie werden es spüren: Es ist ein gutes Gefühl, vorbereitet zu sein, und es verleiht Ihnen ein sicheres, selbstbewusstes Auftreten – auch, wenn Sie den Pfeil vielleicht niemals ziehen müssen.

Welche Bereiche in Ihrem Leben könnten Angreifer gezielt nutzen? Was würden Sie ihnen entgegensetzen?

Nur Äußerlichkeiten? Attacken auf das Erscheinungsbild

Eine prominente und äußerst beliebte Angriffsfläche für unfaire Rhetorik ist das Erscheinungsbild und damit der persönliche Stil. Dabei unterscheiden wir zwischen veränderbaren und unveränderbaren Merkmalen. Hat eine Person beispielsweise dünnes Haar oder eine große Nase, ist das kaum zu ändern. Bereits Kinder wissen, dass sie hervorragende Chancen haben, ihr Opfer zu treffen, wenn sie es für solche äußeren Merkmale hänseln – schließlich sind sie offensichtlich, und das Opfer hat keine Möglichkeit, sie loszuwerden. Erwachsene wählen ihre Angriffe meist subtiler. Eine Schulfreundin suggerierte beim gemeinsamen Kleidershoppen anderen gerne diverse körperliche Defizite, indem sie ihre eigenen Vorzüge betonte: »Na ja, meine Jeansgröße wird dir wohl nicht passen, weil ich ja eine sehr schmale Taille habe.« Ach – und der Umkehrschluss? Der liegt auf der Hand und trifft hart, denn Jugendliche im Teenageralter setzen sich sehr stark mit ihrem Körper auseinander. Sie beobachten täglich, wie ihr Körper sich verändert – immer verbunden mit der Hoffnung, er möge nicht zu stark aus der Norm fallen.

Dazu kommt der Einfluss aus den klassischen und sozialen Medien, die uns eine gewisse Norm präsentieren. Bei aller Gender-Diskussion lässt sich nicht leugnen, dass viele Mädchen sich an Fernsehsendungen rund um Topmodels und an optisch genormten Instagram-Vorbildern orientieren. Allein in meinem Bekanntenkreis kennt ein großer Teil der Mädchen (und häufig auch deren Mütter) die Namen der aktuellen Next Topmodels und It-Girls, die von den Medien gefeiert werden und Trends vorgeben. Burschen sprechen meiner Erfahrung nach weniger auf das Erscheinungsbild als auf den Besitz bestimmter Markenkleidung und Markenaccessoires an. Bitte nageln Sie mich nicht fest, mir ist natürlich klar, dass man nicht alle Jugendlichen in einen Topf werfen kann, und Ausnahmen bestätigen sowieso immer die Regel. Mir geht es vor allem darum, Sie zu sensibilisieren und Ihnen mögliche Angriffsflächen aufzuzeigen.

Weitere zahlreiche Angriffe finden auch den Stil, etwa die Frisur oder die Kleidung anderer Menschen betreffend statt. Die auf dieser Ebene operierenden Angreifer empfinden sich selbst damit nicht als unfair – schließlich hat die angegriffene Person ihren Stil ja selbst gewählt und könnte sich auch anders kleiden. Werden Sie selbst Ziel eines derartigen Angriffes, ist die Wahrscheinlichkeit, dass Sie in Emotion geraten, sehr hoch. Auch wenn Sie sich verteidigen, werden Ihre Kritiker ganz genau wissen, dass sie Sie tief getroffen haben, wie die folgende Geschichte zeigt:

Hätte ich doch nur!

Seit drei Jahren ist Anna als Ingenieurin in einem Industriebetrieb tätig. Schon in ihrer Zeit an der technischen Hochschule begeisterte sie sich für Naturwissenschaften und Maschinenbau. In ihrer Freizeit sah sie sich schon immer lieber YouTube-Videos mit verrückten Physikexperimenten an, als Schminksendungen für partywütige Girlies zu verfolgen. Erwachsen und im Berufsleben stehend ist ihr Auftreten gepflegt, jedoch verzichtet sie gänzlich auf Make-up und erscheint stets in Jeans und T-Shirt gekleidet. Noch nie hat sie sich Gedanken darüber gemacht, denn der Kleidungsstil in ihrem Unternehmen ist generell casual.

Im jährlichen Feedbackgespräch mit ihrem Vorgesetzten werden Ziele sowie fachliche und persönliche Entwicklungsmöglichkeiten besprochen. Bisher verliefen die Gespräche immer hervorragend für Anna. Ihr Chef war voll des Lobes und stolz, sie in seinem Team zu haben. Diesmal verläuft das Gespräch jedoch anders. Beim Punkt »Persönliche Entwicklung« fragt ihr Vorgesetzter sie wie immer nach ihren Zielen. Nachdem Anna diese ausgeführt hat, sagt er, er müsse hier noch ein Feedback zu einem Thema anbringen, das schon länger im Raum stehe. Neugierig hört Anna zu – was wird jetzt wohl kommen? Der Chef räuspert sich und setzt an: Einige Kolleginnen hätten angemerkt, dass sie sich optisch zu sehr gehen lasse und gerade im Kundenkontakt doch »ein wenig Aufputz« angebracht sei. Anna traut ihren Ohren nicht. So etwas haben ihre Kolleginnen gesagt? Jene, mit denen sie sich gut versteht und die zu ihr selbst noch nie etwas in diese Richtung angemerkt haben? Anna ist tief entsetzt. Sie dachte immer, sie werde nach ihrer Kompetenz bewertet und nicht nach ihrem Erscheinungsbild.

Den Kolleginnen kann es doch egal sein, ob sie sich schminkt oder nicht! Das sagt sie dem Vorgesetzten auch. Doch der setzt noch eins drauf: »Na ja, es ist ehrlich gesagt auch meine persönliche Meinung, dass du dich zu wenig zurechtmachst.« Jetzt ist Anna völlig durch den Wind. Sie fühlt sich herabgewürdigt und auf Äußerlichkeiten reduziert. Ihr Gesicht brennt vor Wut und Enttäuschung. »Wenn das eure Einstellung ist, dann könnt ihr mich mal!«, fährt sie den Chef an, während ihr bereits die Tränen kommen, und stürzt aus dem Büro. Am Weg zu ihrem Arbeitsplatz beobachten sie einige ihrer Kolleginnen und Kollegen neugierig. Die so souveräne Anna weint, das hat es ja noch nie gegeben. Anna schleicht wie ein begossener Pudel zu ihrem Platz – sie schämt sich ihrer Tränen.

Später am Tag bittet der Chef, der nun erkannt hat, dass seine Aussage jeglicher politischen Korrektheit entbehrte, Anna noch einmal in sein Büro und entschuldigt sich. In Anna macht sich dennoch zusehends ein unangenehmes Gefühl breit. Sie weiß, dass sie ganz anders hätte reagieren sollen, und zwar sofort.

Was hätte Anna antworten können? Sie wusste bis dahin gar nicht, dass ein Angriff auf ihr Erscheinungsbild sie so tief treffen könnte, sie hatte sich bis zu diesem Zeitpunkt nicht damit auseinandergesetzt. Später erzählte sie mir, dass der Angriff sie gar nicht so sehr wegen ihres Erscheinungsbildes getroffen hatte – es war vielmehr die Enttäuschung über die Oberflächlichkeit der Kolleginnen und des Chefs. Anna ist mit dieser Reaktion nicht allein: Auch wenn das Thema eines Angriffes uns gar nicht wichtig ist, so sind wir meist von den Menschen enttäuscht, die uns angegriffen haben. Anna darf das ruhig im Kreis ihrer Kollegen aufs Tapet bringen: »Interessant, dass euch das so wichtig ist. Ich hätte euch anders eingeschätzt.« Nur sie kann entscheiden, ob sie weiter auf dieses Thema eingehen will oder es dabei belässt. Dem Chef sollte Anna natürlich direkt im Gespräch kontern, um sich selbst emotional abzugrenzen: »Welche Punkte meinst du damit genau?« erfordert nun eine Erklärung des Chefs. Anna hat in der Zwischenzeit Gelegenheit, nachzudenken. Sie kann nun entweder auf die Unternehmenskultur eingehen (»Wenn euch diese Äußerlichkeiten so wichtig sind, sollten wir gemeinsam überlegen, welche Priorität die fachliche Leistung in diesem Unternehmen hat«) oder – wenn sie spürt, dass sie aus Schock einfach nicht zu einem inhaltlichen Konter fähig ist – um Aufschub des Gespräches ersuchen: »Ehrlich gesagt bin ich entsetzt über diese Einstellung. Darüber muss ich erst einmal nachdenken. Setzen wir bitte das Gespräch ein anderes Mal fort.« So vermeidet sie, vor dem Chef in Emotion zu geraten.

Sie sehen, die Gefühle, die bei einem derartigen Angriff ausgelöst werden, sind unterschiedlich. Das Erscheinungsbild ist bloß der oberflächliche Ansatzpunkt, doch darunter liegt die persönliche, beziehungsorientierte Komponente. Steht uns der Angreifer nahe, kommt oft noch eine menschliche Enttäuschung hinzu, die uns fassungslos macht. Sprechen Sie das ruhig an, sollten Sie jemals solchen Angriffen ausgesetzt sein. Sagen Sie, dass Sie Ihr Gegenüber anders eingeschätzt hätten. Damit machen Sie den Angriff sichtbar und stellen klar, dass Sie eine gute Beziehung oder Zusammenarbeit nach anderen Faktoren als nach Äußerlichkeiten definieren.

Hat Sie schon einmal jemand für Ihr Erscheinungsbild kritisiert? Wenn ja, wie haben Sie reagiert?
Und nachdem wir schon dabei sind: Über welche Merkmale anderer sprechen Sie denn gerne?

Vorurteile: Angriffe auf Herkunft, Religion oder sexuelle Orientierung

Neben den klassischen unfairen Kommentaren zum Erscheinungsbild oder zu den Lebensumständen anderer kann praktisch jedes Unterscheidungsmerkmal von Menschen attackiert werden.

So erzählte mir Jeremy, Student der Betriebswirtschaft mit kenianischen Wurzeln, er werde laufend auf seine Hautfarbe angesprochen, oft in Verbindung mit Vorurteilen wie »Du bist ja okay, aber die meisten Schwarzen, die bei uns leben, haben etwas mit Drogen am Hut.« Spannend, dass wir, gerade wenn es um die Hautfarbe oder eine bestimme Herkunftsregion geht, sofort voller Vorurteile sind. Die Bilder, die sich in unseren Köpfen bilden, werden durch Medien, Politik und gesellschaftliches Umfeld geformt. Ich erinnere mich noch gut an die Zeit nach den Terroranschlägen von 9/11. Der damalige US-Präsident George W. Bush machte es sich zur Mission, die Attentäter zu jagen und das Böse zu besiegen. Die Bilder von Al-Kaida-Terroristen gingen um die Welt, verbreitet durch Medien und von der extremistischen Bewegung selbst. Sukzessive begann der Anblick großer, schlanker, dunkelhaariger Männer mit längerem Bart ein unangenehmes Gefühl auszulösen. Wenn bestimmte Bilder stets in negativem Zusammenhang präsentiert werden, übernehmen wir die Botschaft, ohne es zu bemerken.

Seit jeher wurden in der Menschheit Gruppierungen anderer Rassen oder Religionen verfolgt. Religiöse Institutionen oder nationalistische Regimes waren über lange Strecken erfolgreich, indem sie sich über andere erhoben und Standards etablierten, welche Menschen »die Richtigen« seien. Und das Gefühl, zu den Richtigen zu gehören, löst bei den meisten Menschen einen starken Druck zur Konformität aus. Zum einen ist es bequem, zum anderen sind wir soziale Wesen, denen die Gruppe ein Gefühl von Sicherheit gibt. Untersuchungen wie das berühmte Experiment des Psychologen Solomon Asch zeigen, dass Menschen sogar dann ihre Meinung der Gruppe anpassen, wenn die Wahrheit offensichtlich eine andere ist: Asch legte für seine Studie jeweils einem Probanden ein Blatt mit vier Linien vor, aus denen der Proband die beiden Linien, die gleich lang waren, benennen musste. Die gleich langen Linien aus den vieren waren sehr offensichtlich, somit war die Aufgabe nicht schwierig. Der Rest der Teilnehmenden am Tisch hatte angeblich die gleiche Anweisung. Natürlich waren die anderen Teilnehmenden eingeweiht und nannten absichtlich eine falsche Lösung. Das Ergebnis: Die Hälfte der Probanden gab ebenfalls die falsche Antwort, nur um sich der Mehrheit anzuschließen. Warum haben sich so viele entgegen ihrer eigenen Meinung und Wahrnehmung entschieden? Die meisten gaben an, zunächst unsicher gewesen zu sein und sich dann aber an der Gruppe orientiert zu haben, weil diese so sicher schien. Manche sagten, sie fürchteten Repressalien, wenn sie nicht zustimmen würden, und einige wollten einfach nicht die Harmonie gefährden oder aus der Gruppe hervorstechen.

Das Wissen rund um den Druck zur Konformität hilft uns in der Kunst des Konterns enorm weiter. Viele Argumente anderer können wir so besser einschätzen – sie sind meist nicht persönlich gemeint, sondern sagen viel mehr über Sichtweise, Wertvorstellungen und Selbstbewusstsein unseres Gegenübers aus. Geht es Ihnen etwa wie Jeremy, das heißt, Sie heben sich durch ein offensichtliches Merkmal von einer Gruppe (in diesem Fall ist die Gruppe der hellhäutige, mitteleuropäische Typus) ab, dann können Sie davon ausgehen, dass es sich meist um die Tendenz zur Konformität handelt, wenn andere Vorurteile abgeben. Das bedeutet keinesfalls, dass diese Tendenz gutzuheißen ist – unsagbares Leid wurde und wird dadurch in der Welt angerichtet. Aber Sie sind im Vorteil, wenn Sie Bescheid wissen, weil Sie Ihren Konter besser anlegen können. Jeremy hält zum Beispiel gerne entgegen: »Interessant, wen kennst du da genau?«. Auf diese induktive Technik werden wir später noch zurückkommen, sie hat sich bei Vorurteilen hervorragend bewährt.

Ein weiteres, gesellschaftlich nach wie vor stark mit Vorurteilen behaftetes Thema ist die sexuelle Orientierung. Unter Männern herrscht das patriarchalisch geprägte Bild des Starken, des Versorgers, des Kämpfers. Unter Frauen ist nach wie vor das Bild der sozial Angepassten, der Netten, der Erzieherin präsent. Wir haben eine klare gesellschaftliche Sicht, wie Familien und auch Paare typischerweise aussehen. Alles, was aus diesem Rahmen fällt, ist für viele Menschen »nicht normal«. Sehen sie etwa eine Familie, die aus zwei Vätern und einem Kind besteht, löst das in einigen Menschen eine Dissonanz aus. Je nachdem, wie Sie persönlich zu Veränderungen und Neuem stehen, je nach Ihrem Verhaltenstypus also, denken Sie: »Oh spannend, das ist ja mal nicht das typische Bild!« oder »Also wirklich, wie kann man nur!« Sie sehen bereits, die Tendenz, wie wir über andere urteilen, hat viel mit unserer inneren Einstellung zu tun. Hier lässt sich wieder der Bogen zum vorigen Kapitel spannen, in dem wir uns die Verhaltensweisen des Erfolgssuchers und des

Misserfolgsvermeiders angesehen haben. Wir werden diese Konzepte später noch genauer untersuchen, um unsere Gegner besser kennenzulernen.

Haben Sie sich bei dem Beispiel ertappt gefühlt? Wie würden Sie reagieren? Es ist ähnlich wie beim Thema Neid: Fragt man nach, gibt so gut wie niemand zu, dass er manchmal andere beneidet. Und Vorurteile haben wir natürlich auch alle nicht: Wir sind ja ganz offen und unvoreingenommen. Das ist selbstverständlich ironisch gemeint. Wir können nicht aus unserer Haut. Unsere eigenen Werte sind der Kern unseres Denkens und unserer Einschätzung. Mein Philosophieprofessor an der Uni hat es einmal sehr treffend formuliert: »Der Mensch neigt zur freiwilligen Unfreiheit.« Das heißt, wir mauern uns oft selbst mit unseren Wertvorstellungen ein und kommen dann nicht mehr heraus. Was dagegen hilft, ist Bildung und ein weiter Horizont. Das können wir unseren Mitmenschen zwar nicht befehlen, aber wir können es selbst tun und unser eigenes Glück fördern.

Wie denken Sie über Menschen mit anderen ethnischen Wurzeln? Wie sieht für Sie ein typisches Paar in einer Beziehung aus und warum ist das so?

Attacken auf Intelligenz und Kompetenz

Zu Beginn dieses Kapitels habe ich Ihnen von meinem Vorgesetzten erzählt, der den unbezähmbaren Drang hatte, anderen die Welt zu erklären, und der es fertigbrachte, dass ich mich in meiner Intelligenz herabgewürdigt fühlte. Ich erinnere mich noch lebhaft daran, als er mich nach einer Präsentation aktueller Kennzahlen fragte, ob ich diese auch wirklich ordentlich vorbereitet hatte. Ich schäumte vor Wut. Wollte er mir jetzt auch noch schlampiges Arbeiten unterstellen? Damals kannte ich die Rückfragetechnik noch nicht und hatte keine Ahnung, dass ich mit einer kurzen Paraphrase sofort wieder hätte in Führung gehen können. Also gab ich eine ziemlich spitzzüngige Antwort, um ihn auf sein Vergehen hinzuweisen. Ich fühlte mich danach zwar besser, aber den Chef hinderte es nicht, weiterhin alles besser zu wissen.

Anspielungen oder Angriffe auf die Intelligenz oder Kompetenz eines Menschen finden wir im Berufsleben häufig. Gerade dort, wo Wettbewerb herrscht, wo meist Leistung als jener Faktor gilt, der für das Erklimmen der Karriereleiter ausschlaggebend ist, werden diese Angriffsflächen gerne genutzt. Denn auch die Leistung und der Arbeitseinsatz einer Person wirken schwächer, wenn man sie als nicht kompetent genug hinstellt. »Der Mitarbeiter hat sich stets bemüht, seine Aufgaben vollinhaltlich zu erfüllen«, lesen wir manchmal in Dienstzeugnissen. Tja, da kann er sich noch so bemühen, wenn es im Oberstübchen nicht reicht. Das impliziert diese Aussage. Bei Bewerbungsgesprächen wird diese Taktik oft gezielt eingesetzt, um den Bewerber zu verunsichern und zu beobachten, wie er mit Angriffen umgeht. Dieses Erlebnis wurde Lukas im Hearing auf dem Weg zu seinem Traumjob zuteil.

Hätte ich doch nur!

»Tja, Herr ähm ... – lassen Sie mich noch schnell nachsehen – Müller, da hätte ich mir deutlich mehr von Ihnen erwartet.« Lukas klappt die Kinnlade herunter. Ungläubig blickt er zur vierköpfigen Jury, vor der er gerade sein Konzept für die Position als Marketingleiter vorgestellt hat. Er spürt sein Herz pochen, Blut steigt ihm in den Kopf. Das hat die Personalleiterin jetzt nicht wirklich gesagt, oder doch? Ihm fällt nichts mehr ein, eine gefühlte Ewigkeit vergeht, ohne dass Lukas etwas erwidern kann.

Das Auswahlverfahren für die Bewerber ist hart, und Lukas hat sich bereits bis zur letzten Runde gekämpft – nur er und zwei Mitbewerber sind noch übrig. Heute muss er vor einer Jury aus zwei externen Personalberaterinnen, dem Geschäftsführer und der Personalleiterin sein Können unter Beweis stellen. Eine ganze Woche lang hat Lukas sich auf die Präsentation vorbereitet und ein fundiertes, visionäres Konzept ausgearbeitet. Lukas will, nein er muss den Job unbedingt haben! Es ist sein Traumarbeitgeber und eine Anstellung dort wäre ein veritables Sprungbrett für seine weitere Karriere. Und jetzt steht er wie ein begossener Pudel vor der Jury! Seine Präsentation ist mit einem Satz zerrissen und seine Kompetenz infrage gestellt worden.

Noch immer fällt ihm kein passender Konter ein, also spricht die Personalleiterin weiter: »Bei Ihrer Ausbildung und mit Ihrem Werdegang müssten Sie schon wissen, wie der klassische Marketingmix für unsere Branche aussieht.« Der nächste Dämpfer. Lukas hat das Gefühl, als ziehe man ihm den Boden unter den Füßen weg. Wissen und Leistung sind hohe Werte für ihn, und genau davon hat er in den Augen der Jury offenbar zu wenig. Obwohl er sich noch das Gegenteil einreden will, schwindet sein Selbstbewusstsein. Er weiß, er muss endlich etwas sagen, sonst ist alles verloren. Lukas beginnt, sich zu rechtfertigen, warum er die Präsentation so aufgebaut hat, was er eventuell übersehen hat und noch nachliefern könnte. Es gelingt ihm, die professionelle Fassade aufrechtzuerhalten – eine Blöße würde er sich nicht geben! – und seine Verteidigung zu Ende zu bringen.

Nach dem Termin fährt er mit einem höchst unguten Gefühl nach Hause. Mitten auf der Autobahn fällt ihm dann ein, was er hätte erwidern können. Da wäre noch das Beispiel mit der Messe gewesen. Oder die Produktpräsentation im Katalog. Oder … Auf jeden Fall hätte er das alles nicht auf sich sitzen lassen sollen!

Lukas Geschichte ist ein perfektes Beispiel dafür, dass Menschen zwar vorgeblich ein Thema oder eine Präsentation kritisieren, in Wahrheit aber an unserer Kompetenz kratzen. Und das trifft uns viel schlimmer, als wenn sachlich über den Inhalt und vermeintliche Fehler gesprochen wird. Denn die Kompetenz ist ein Teil der Persönlichkeit. Gerade im Businesskontext erleben wir oft verschleierte Angriffe. »Bist du auch wirklich sicher, dass deine Aussage stimmt?«, kann sowohl ein ehrlicher Hinweis als auch ein kompromittierender Verweis sein. Fühlen Sie sich daher nicht gleich angegriffen, gehen Sie aber auch nicht in die Rechtfertigung. Sie haben die Möglichkeit, schlicht mit »Ja« zu antworten – dann dürfen Sie aber nichts mehr ergänzen, sonst wird es zur Rechtfertigung. Oder Sie antworten mit einer rhetorischen Rückfrage: »Wie komme ich zu dieser Aussage? Also …«. Lassen Sie sich nicht darauf ein, ob die Aussage stimmt oder nicht, bleiben Sie beim Inhalt. Wie Sie das trainieren können, sehen wir uns später an.

Was raten wir also Lukas in seiner unangenehmen Bewerbungssituation? Richtig, erst einmal Luft holen. Der Schock muss verarbeitet werden. Im Atmen werden die Gedanken klar. Lukas sollte sich keinesfalls auf den Kommentar gegen seine Kompetenz einlassen, sondern bei dem bleiben, was er bieten kann. Und das darf und soll er genauso ausdrücken: »Sehen wir uns einmal an, was ich Ihnen noch bieten kann.« Das braucht natürlich Übung, keine Frage. Doch wir müssen bei jeder Präsentation auf Kritik gefasst sein – und zwar auf faire wie auf unfaire.

In welcher Situation hat man zuletzt Ihre Kompetenz infrage gestellt? Wen kritisieren Sie selbst am liebsten – Ihre Kollegen, Ihre Kinder oder den Partner?

Einzementierte Werte: Attacken auf das Verhalten

»Immer kommst du zu spät!«
»Nie hilfst du mir!«
»Kannst du nicht grüßen?«
»Alles muss ich allein machen.«

Kommt Ihnen diese Kategorie bekannt vor? Bestimmt, denn Angriffe auf das Verhalten sind ein weitreichendes Gebiet. Unser Berufs- und Privatleben ist voll davon. Hier haben wir eine unerschöpfliche Quelle, unsere eigenen Werte und Verhaltensideale auf andere zu projizieren. Und natürlich beschuldigen uns die anderen – wir selbst würden das niemals tun! Es ist erstaunlich, wie verzerrt die Wahrnehmung im Bereich der unfairen Rhetorik ist. Sie erinnert an eine Studie, die 2010 in Kanada unter knapp vierhundert Autolenkern aller Geschlechts- und Altersgruppen durchgeführt wurde. Fast alle gaben bei der Selbsteinschätzung an, dass sie besser fahren als der Durchschnitt. Spannend, nicht wahr? Allein statistisch ist das nicht möglich! Auch hier spielt die Selbstüberschätzung eine große Rolle – genau wie beim Verhalten. Wir legen unser eigenes Verhalten oder zumindest eine Idealvorstellung davon als Referenzpunkt fest, an den andere nur schwer herankommen. Die innere Einstellung ist dabei von großer Bedeutung: Erfolgssucher packen gerne an und holen sich Hilfe, wenn sie etwas brauchen. »Bitte hilf mir mit dem Abwasch.« Misserfolgsvermeider tendieren zu Aussagen wie »Ich wäre ja schon fertig, wenn mir irgendjemand helfen würde!«

Spüren Sie den Unterschied? Beides soll den Partner zum Helfen motivieren, im ersten Fall wird er einfach um Hilfe gebeten, im zweiten macht man ihm einen unterschwelligen Vorwurf, noch ehe er Hilfe anbieten kann. Bereits Kinder beherrschen diese Kunst: »Nie haben wir etwas Gutes im Kühlschrank!« oder »Alle aus meiner Klasse haben ein iPhone, nur ich bekomme keines von euch!«. Wenn Sie Kinder haben, kennen Sie diese Diskussionen, die das Klima gefährlich aufheizen können und nicht selten zu einem handfesten Krach – auch der Eltern untereinander – führen.

Wenn ich gefragt werde, wo man denn damit starten könne, richtiges Kontern zu lernen, dann antworte ich immer: zu Hause. Beobachten Sie sich und die Menschen in Ihrem Haushalt doch einmal genau und achten Sie auf gewisse Signalwörter wie immer, nie, überhaupt oder schon wieder. Daran merken Sie, dass ein Vorwurf oder ein Angriff im Spiel ist. Auch hier gilt: Rechtfertigen Sie sich nicht. Fragen Sie stattdessen besser nach Details. »Welche Sachen sollten wir denn aus deiner Sicht noch im Kühlschrank haben?« ist sicher konstruktiver als »Ich kaufe schon zweimal die Woche ein, nie passt es dir!«.

Bei Vorwürfen, die mit »Alle anderen haben …« beginnen und mit »… nur ich nicht!« aufhören, hilft Ihnen nachfragen nur, wenn Sie ins Detail gehen. »Wer aus deiner Klasse hat konkret ein iPhone? Wie lösen das die anderen?« Machen Sie den Angreifer – auch wenn es Ihr Kind ist – gleich für die Lösung mitverantwortlich, indem Sie die Anschuldigung nicht einfach im Raum stehen lassen.

Angriffe auf das Verhalten dienen nicht nur dazu, am Lack des anderen zu kratzen, um selbst ein wenig mehr zu glänzen. Sie haben meist die Absicht, vom eigentlichen Thema abzulenken oder einem Konflikt auf der Beziehungsebene Luft zu machen. Dieser Konflikt kann etwas mit dem Angreifer selbst zu tun haben – eventuell ist er ein Miesepeter oder hatte kurz zuvor ein negatives Erlebnis – das alles spiegelt sich im Kommunikationsverhalten. Der Konflikt kann aber auch im Verhältnis Angreifer-Opfer liegen. Vielleicht steht uns eine Person einfach nicht zu Gesicht. So wie die Lehrerin aus dem vorigen Kapitel, die ständig Untergriffe bezüglich Sebastians Verhalten machte? Aus irgendeinem Grund hatte sie dafür genau ihn gewählt. Manchmal aber ist so ein Gebaren auch aus Neid geboren oder es handelt sich um projizierte Wertvorstellungen: »Kostet bei euch zu Hause der Strom nichts?«

Deshalb muss ich Sie warnen: Steigen Sie nicht darauf ein! Das Spiel ist sonst schon von Anfang an verloren!

Welches Verhalten nervt Sie bei anderen am meisten?
Wie weisen Sie andere darauf hin, wenn Ihnen an deren Verhalten etwas nicht passt?

Lernen Sie sich so richtig kennen!

Wir haben nun die unterschiedlichen Angriffsflächen betrachtet: Erscheinungsbild, Lebensumstände oder Erfolg, Herkunft, Religion und sexuelle Orientierung, Intelligenz und Kompetenz sowie das Verhalten. Ihre Angriffsflächen zu kennen, ist die Basis, auf der Sie Ihren Konter und Ihre Rhetorik aufbauen können. Es ist natürlich einfach zu sagen: »Unfair!« oder »Diese Person ist unmöglich!«. Nur ändert das nichts an der Situation. Erst, wenn wir die Angriffe als solche erkennen und daher wissen, welche Fläche genau getroffen wurde, können wir gezielt kontern und etwas ändern. Deshalb empfehle ich Ihnen: Beobachten Sie sich selbst und achten Sie darauf, was Sie besonders trifft und weshalb. So, wie es mir mit meinem Vorgesetzten zu Beginn dieses Kapitels erging – ich habe erst viel später begriffen, dass Bildung, Intellekt und Wissen für mich sehr hohe Werte darstellen. Deshalb trafen die Kommentare und Erklärungen dieses Chefs bei mir genau ins Schwarze und ich entwickelte das Gefühl, er halte mich für nicht besonders klug.

Als ich zum ersten Mal von unterschiedlichen Angriffsflächen hörte, begann ich diese Thematik intensiv zu hinterfragen. Ich beobachtete mich selbst und stellte zu meiner Verblüffung fest, dass ich genau auf jenem Gebiet, auf dem ich selbst am empfindlichsten war, kräftig austeilte. Wenn ich kritisch mit und über andere sprach, so drehte es sich häufig um Wissen, Intelligenz oder Kompetenz. Noch heute liebe ich Spiele wie »Trivial Pursuit«, bei denen nicht nur Glück, sondern auch Wissen über den Erfolg entscheidet.

Beobachten Sie also genauer, worüber Sie gerne sprechen, welche Themen und Spiele Sie besonders interessieren oder welche Seiten Sie in den sozialen Medien abonniert haben. Beobachten Sie auch, worüber Sie sprechen, wenn Sie über andere reden. Kritisieren Sie andere gerne aufgrund ihres Äußeren (»Na ja, die war auch schon einmal schlanker«) oder ihrer Lebensumstände (»Die sind heuer schon zum dritten Mal auf Urlaub«)? Oder fallen Ihnen andere Dinge auf (»Also ich würde meinem Kind so etwas nicht erlauben«)? Es spricht absolut nichts dagegen, Ihre ureigenen Werte zu vertreten, bitte verstehen Sie mich nicht falsch. Aber wenn die Kritikpunkte überhandnehmen, begeben Sie sich auf dünnes Eis. Sie werden damit nämlich zunehmend angreifbarer, wenn andere dann Sie auf genau diesem Gebiet kritisieren.

Ähnlich wie in der Geschichte von Achilleus aus der griechischen Mythologie. Der Bursche wurde von seinem Vater im Fluss Styx untergetaucht, damit er unverwundbar werde. Das klappte so weit auch, nur ein kleiner Bereich an der Ferse blieb vom Wasser unbenetzt und blieb damit die einzige verwundbare Stelle. Genau dort traf ihn sein Widersacher mit einem vergifteten Pfeil und Achilleus kam zu Tode. Die Achillesferse steht noch heute sprichwörtlich für den wunden Punkt und die Angriffsfläche einer Person. Identifizieren Sie Ihre persönliche Achillesferse und seien Sie sich ihrer stets bewusst. Sie werden sie nicht immer verbergen können, aber das ist auch gar nicht erforderlich. Doch wenn ein verbaler Pfeil Sie genau dort treffen sollte, ist er mit Sicherheit nicht tödlich. Und Sie wissen ja, was Sie zu tun haben. Auch, wenn es schmerzt: Bleiben Sie beim Thema, lassen Sie sich nicht ablenken und auf diverse emotionale Schauplätze befördern. Es sei denn, Sie entscheiden sich dafür. Denn manchmal wollen und brauchen wir Streit, um uns abzureagieren – das ist nur menschlich. Wichtig dabei ist jedoch, dass Ihnen im Vorhinein klar ist: Mit diesem Konter, für den ich mich jetzt bewusst entscheide, geht es in Richtung Streit!

CHECK PUNKT

Seien Sie auf eine etwaige Breitseite vorbereitet, indem Sie:

- **sich selbst in Ihrem Kritikverhalten analysieren,**
- **darauf achten, was Sie besonders trifft,**
- **als Ihr eigener Advocatus Diaboli agieren,**
- **sich für Angriffe auf empfindliche Stellen einen Konter zurechtlegen,**
- **sich nicht selbst in unhinterfragte Werte einzementieren.**

Wenn Sie einen Treffer auf eine empfindliche Angriffsfläche kassieren, so löst das Emotionen aus. Sprechen Sie diese Tatsache ruhig an, kehren Sie dann aber gleich wieder zum Thema zurück.

2.4 Typische Angriffsmuster – von perfide bis frontal

Wir haben uns bereits näher angesehen, was passiert, wenn Angriffe anderer so heftig oder unerwartet aufprallen, dass uns fast die Luft wegbleibt. Wie schon öfter erwähnt, gilt immer noch: Diese erste, geschockte Schrecksekunde und den darauf folgenden biologischen Ablauf in unserem Körper sollten wir unbedingt bewusst wahrnehmen – nur so können wir einer bloß reflexartigen Reaktion entgehen und unseren Konter gezielt anlegen. Wir haben bereits eingehend betrachtet, welche unterschiedlichen Motive es für Angriffe gibt und wie hart unsere empfindlichste Stelle damit getroffen werden kann. Oft wissen wir gar nicht, was eine Person antreibt, um uns direkt zu attackieren, und fallen dann aus allen Wolken. Gerade, wenn wir jemanden kaum kennen, kann es uns bei ersten Kontakten mit dieser Person eiskalt erwischen – für eine umfassende Analyse bleibt dann wenig Zeit. Daher möchte ich Ihnen in diesem Kapitel typische Angriffsmuster vorstellen, denn diese lassen sich hervorragend clustern und bieten Ihnen ein nützliches Einschätzungskriterium dafür, wie Sie Ihre eigenen Konter zukünftig anlegen können.

Dazu ist als Erstes ein näherer Blick auf das kommunikative Grundverhalten von Menschen erforderlich. Es geht dabei um Verhaltenstypen, also die Ausrichtung des menschlichen Verhaltens zwischen den Polen distanzorientiert versus näheorientiert und zwischen den Polen veränderungsfreudig versus konstant-beständig. Im Angriff verhält sich ein distanzorientierter Typ ganz anders als ein näheorientierter. So wird die distanzorientierte Person auch einmal laut, fällt ins Wort oder spricht unangenehme Dinge direkt an. Eine harmonische, näheorientierte Person nimmt sich eher zurück, kann aber auch aggressiv schweigen und dadurch ihre Verdrossenheit deutlich zeigen. Veränderungsfreudige Menschen verhalten sich zudem eher gesprächig, preschen mit ihrer Meinung schon gerne mal vor, während sich konstant-beständige Typen die Lage erst genauer ansehen und dann gezielt angreifen. Aus diesem Grundverhalten leiten wir Muster ab, um zu erkennen, mit welcher Art von

Angriff wir es zu tun haben und vor allem, wie wir in der jeweiligen Situation einen treffenden Konter anlegen.

Von der Paartherapie ins Business

Es liegt schon einige Jahre zurück, genauer gesagt in den 1970er-Jahren, als sich zwei Psychologen – ohne sich gegenseitig zu kennen – durch die Werke des jeweils anderen inspirieren ließen und aufbauend auf den Erkenntnissen ein Modell entstand, das noch heute als Basis für die Einschätzung persönlicher Grundhaltungen und des Beziehungsverhaltens gilt. So beschäftigte sich der deutsche Psychologe, Therapeut und Psychoanalytiker Fritz Riemann mit verschiedenen Grundformen der Angst und dem jeweiligen menschlichen Verhalten. Kurz darauf suchte der Schweizer Psychologe und Paartherapeut Christoph Thomann eine Grundlage, um seinen Klienten – also Paaren in problembehafteten Beziehungen – ihr Verhalten darzustellen und ihnen zu zeigen, dass sie in Ordnung sind, so wie sie sind. Er wollte ihnen nahebringen, dass es Grundbestrebungen gibt, die ein bestimmtes Verhalten auslösen, und wie sie mit dem jeweiligen Verhalten umgehen können. Thomann nutzte als Grundlage dazu die Grundformen der Angst von Riemann und arbeitete dessen Bezeichnungen wie schizoid, depressiv, zwanghaft und hysterisch etwas alltagstauglicher um. So entstanden vier grundlegende Ausprägungen menschlichen Verhaltens: Distanz, Nähe, Dauer und Wechsel. Heraus kam ein Koordinatenkreuz, an dem er die Ausrichtung seiner Klienten festmachen konnte und ihnen damit die Sorge und Last von den Schultern nahm, dass sie schlecht seien oder als Paar einfach nicht zusammenpassen würden. Er erklärte ihnen die unterschiedlichen Grundtypen in der Kommunikation und zeigte den Paaren Wege, wie sie miteinander umgehen können.

Wie Anke und Markus, die über lange Jahre hinweg mit immer demselben Problem kämpften, bis sie kurz vor dem Aufgeben standen. Markus beschreibt es folgendermaßen:
»Dass es Meinungsverschiedenheiten in Beziehungen gibt, ist ja normal. Ich persönlich finde Paare seltsam, die behaupten, immer in allem einer Meinung zu sein. Bei uns ist es bei Meinungsverschiedenheiten jedoch so, dass ich es

gleich offen austragen will und versuche, das Problem zu lösen. Anke dagegen schmollt oft stundenlang, zuckt mit den Schultern und sagt Dinge wie ›Mir doch egal!‹. Dabei weiß ich doch, dass es ihr nicht egal ist – warum sagt sie es dann? Das treibt mich zur Weißglut, und mit den Jahren werde ich immer ungeduldiger. Sie dagegen schmollt daraufhin noch mehr, in letzter Zeit zieht sie sich oft tagelang vor mir zurück, sagt mir aber nie, was genau los ist.«

Obwohl ich keine Paartherapeutin bin, kann ich mir die Situation und die dicke Luft im Hause von Anke und Markus gut vorstellen. Die beiden sind in ihrem Konfliktverhalten völlig unterschiedlich. Während Markus für klares Ansprechen ist und umgehend nach einer Lösung suchen möchte, sieht Anke erst einmal die Störung auf der Beziehungsebene. Hier gibt es kein richtig oder falsch, sondern bloß unterschiedliche Sichtweisen auf die Meinungsverschiedenheit. Das ist wie in der Parabel mit den blinden Männern, die einen Elefanten beschreiben sollen. So ähnlich ist auch das Verhalten in Konflikten. Erst, wenn beide erkennen, dass es unterschiedliche Blickwinkel gibt und das völlig in Ordnung ist, können sie anfangen, daran zu arbeiten, und so gemeinsam zu einer Lösung kommen.

Markus ist mit seiner Verhaltensweise ein Mensch, bei dem die Distanzorientierung stärker ausgeprägt ist. Ihm geht es darum, Lösungen zu finden und Dinge zu erledigen. Wenn darunter die Befindlichkeit des anderen oder die Harmonie einer Gruppe leidet, hat das nicht oberste Priorität für ihn. Distanzmenschen spüren diese Befindlichkeiten auf der Beziehungsebene oft gar nicht oder nicht so stark wie Nähemenschen. Und wenn sie sie spüren, ist das noch kein Grund, vom Thema abzuweichen. Spitzt sich die Lage zu, setzt Markus als Distanzmensch jene Waffe ein, die auch bei ihm selbst wirken würde: Er wird noch deutlicher, noch lauter und macht Druck, eine Lösung zu finden.

Anke hingegen ist ein Verhaltenstypus, dem Harmonie und Nähe wichtig sind. Sie spürt sofort, wenn sich eine Meinungsverschiedenheit anbahnt oder sich jemand nicht wohlfühlt. Anke hat einen hervorragenden Sinn für Gruppendynamik, kann sofort festmachen, wo es Störungen gibt, und nimmt Konflikte zwischen anderen sogar physisch wahr. Sie spürt einen Druck im Magen, wenn Menschen sich in ihrer Gegenwart anfeinden. Ist sie selbst involviert, neigt sie dazu, die Dinge persönlich zu nehmen, und fühlt sich rasch angegriffen. Sie versteht nicht, wie der andere einfach nicht bemerken kann, dass ihr etwas nicht passt. Sie selbst würde das doch auch sofort wahrnehmen! Damit fühlt sie sich als Person zurückgewiesen und kämpft nun mit jenen Mitteln, die bei ihr selbst wirken würden: Rückzug und Verweigerung von Nähe.

Das Problem dabei ist, dass die eingesetzten Mittel immer nach den eigenen Kriterien ausgewählt werden und nicht nach jenen Kriterien, die beim Gegner wirken. Überspitzt ausgedrückt ziehen wir also eine Waffe, ohne auch nur zu wissen, ob wir es mit einem Drachen oder einer Stechmücke zu tun haben. Daher lege ich Ihnen ans Herz: Lernen Sie Ihr Gegenüber kennen, so gut dies eben möglich ist! Das Riemann-Thomann-Modell ist ein Versuch, diese Komplexität zu reduzieren. Es geht nicht darum, Menschen in eine Schublade zu stecken, sondern darum, ein Gefühl für das Verhalten des anderen zu bekommen. Einst für die Paartherapie entwickelt, findet das Modell noch heute im Unternehmensumfeld erfolgreich Anwendung. Im Coaching wird es für ganze Teams eingesetzt, um festzustellen, wie die Ausprägung der einzelnen Verhaltenstypen ist. Im Verhandlungstraining wird mit diesem Modell ein Gespür dafür entwickelt, welche Prägung man selbst und welche das Gegenüber hat. Daraus leitet man schließlich die optimale Strategie ab.

Wenn wir uns Gedanken über den Verhaltenstypus unseres Gesprächspartners oder unseres Angreifers machen, können wir einen wirksamen Konter wählen. Es ist immer verschossenes Pulver, wenn wir unserem eigenen Verhaltenstypus gemäß agieren – das wirkt beim anderen nur, wenn er der gleiche Typus ist. Und nachdem es vier Grundausprägungen gibt, können Sie sich ausrechnen, wie hoch die Chance ist, dass der andere zufällig derselbe Verhaltenstyp ist. Natürlich haben wir Anteile aller vier Grundformen in uns, nur ist bei den meisten Menschen ein Verhalten stärker ausgeprägt. Die gute Nachricht: Wir können uns somit leichter anpassen, wenn wir kontern müssen.

Bitte verzeihen Sie mir bei der folgenden Beschreibung der unterschiedlichen Typen die meist männliche Form – sie kommt von »der« Verhaltenstypus. Alle Typen existieren freilich in der weiblichen und männlichen Welt gleichermaßen, wie Sie an den Fallbeispielen sehen werden.

Sprechen Sie andere direkt an, wenn Ihnen etwas nicht passt, oder zeigen Sie es lieber durch Ihr unterschwelliges Verhalten?
Wie fühlen Sie sich, wenn in Ihrer Gegenwart heftig diskutiert wird?

Wenn sich die ganze Welt verschworen hat: der still Leidende

Die meisten von uns haben sie irgendwo in ihrem beruflichen oder privaten Umfeld: diese eine Person, die immer so sehr leidet. Die stets an die schwierigsten Kunden, an die unfairsten Menschen und an die bösartigsten Vorgesetzten gerät. Sie ist Opfer von ständigen Intrigen, der eigene Partner betrügt sie nach Strich und Faden und obwohl sie alles gibt, wird sie nur und immer wieder ausgenutzt. Ihr Lebensmotto: Diese Welt ist ungerecht, anderen geht es viel besser, warum immer ich?

Haben Sie ein Bild vor sich? Dann können Sie sich bestimmt vorstellen, wie sich eine solche Person im Falle eines Konfliktes verhält. Sie wird es eher nicht sachlich-direkt angehen, sondern subtil. Aus der Opferhaltung heraus lässt es sich herrlich leidend anderen ein schlechtes Gewissen machen. Innerhalb ihres Verhaltenstypus sind still Leidende auf der harmonischen Seite, sie brauchen Nähe und Wertschätzung. Deshalb entziehen sie diese beiden Faktoren ihrem Gegenüber, wenn sie angreifen. Würden wir es auf kindliches Verhalten umlegen, dann sagte dieses Kind: »Wenn du nicht tust, was ich will, mag ich dich nicht mehr!« Genau mit diesem Druck arbeiten still Leidende. Passt ihnen etwas nicht, antworten sie zum Beispiel nicht mehr auf Nachrichten oder gehen absichtlich nicht ran, wenn man sie anruft. Fragt man nach, ist ihre Reaktion meist kühl und abweisend. Erst dann, wenn sich die still leidende Person ganz tief in ihre Opferrolle manövriert hat

Manche pflegen

nicht ihre Beziehung,

sondern kultivieren

ihre Macken.

und die persönliche Beziehung ernsthaft gefährdet ist, bricht der Gegenstand der Kritik heraus wie aus einem Vulkan – unkontrolliert, anklagend und hochemotional.

Anke aus unserem Beispiel entspricht diesem Typus. Sie hat zu Beginn der Beziehung mit Markus bereits Tendenzen zu diesem Verhalten gezeigt, und im Laufe der Zeit hat sie ihr Angriffsmuster optimiert, das heißt immer weiter ausgebaut, so lange, bis sie selbst unter ihrem Verhalten litt. Der legendäre Kommunikationswissenschaftler Paul Watzlawick titulierte diesen Mechanismus in seinem sehr empfehlenswerten Buch »Anleitung zum Unglücklichsein« als selbsterfüllende Prophezeiung. Still Leidende ziehen ihr Verhalten so lange durch, bis sie wirklichen Schmerz verspüren und eine fühlbare Bestätigung dafür erhalten, dass ihr Gegenüber schlecht ist. In Beziehungen – privat wie beruflich – kann sich dieses Verhalten aufschaukeln und zu permanenten unterschwelligen Angriffen des still Leidenden führen. Der still Leidende rechtfertigt sein Verhalten vor sich selbst damit, dass es der andere verdient habe, bestraft zu werden, schließlich verstehe er die schwierige Situation des Leidenden nicht. Der andere könnte sich doch viel mehr bemühen!

Sie sehen, so entsteht ein Teufelskreis, den Sie rasch durchbrechen müssen. Haben Sie dieses Angriffsmuster erkannt, bieten Sie am besten so wenig Fläche wie möglich. Sobald Sie sich darauf einlassen, also sich rechtfertigen, permanent entschuldigen oder durch bewusst vorsichtiges Verhalten im vorauseilenden Gehorsam handeln, bieten Sie dem still Leidenden einen satten Nährboden für laufende Angriffe. Still Leidende sind in der Regel Misserfolgsvermeider und wollen nicht in der ersten Reihe stehen. Sie nehmen sich zurück, lassen anderen den Vortritt und beschweren sich hinterher genau darüber. Sie stimmen in Meetings den Vorschlägen ihrer Kollegen zu, obwohl sie eine andere, aus ihrer Sicht bessere Idee gehabt hätten. Nur haben sie es nicht gesagt, weil schließlich ohnehin schon genug geredet wurde. Also sagen sie nichts – bis der passende Zeitpunkt kommt. Und der kommt immer. Funktioniert etwa der gewählte Vorschlag nicht wie geplant, ist der still Leidende sofort zur Stelle: »Das hätte ich euch gleich sagen können, aber mich hat ja keiner gefragt!«, konstatiert er mit vorwurfsvollem Unterton. Dass er damit keinen Beitrag zu einer konstruktiven Lösung leistet, ist ihm egal. Er ist schließlich inbrünstig damit beschäftigt, die anderen für ihr ignorantes Verhalten zu sanktionieren und sich selbst zu bestätigen, dass alle anderen inkompetent sind.

Ich rate Ihnen tunlichst: Lassen Sie ihn damit nicht durchkommen! Auch, wenn Sie kurzfristig die Harmonie im Team stören müssen – kontern Sie! Weisen Sie darauf hin, dass er als gleichberechtigtes Teammitglied jederzeit die Möglichkeit hat, seine Vorschläge einzubringen, und Sie das auch von ihm erwarten. Punkt. Erklären Sie nichts darüber hinaus, damit Sie nicht ansatzweise in eine Rechtfertigung geraten. Sonst gießen Sie Wasser auf die Mühlen des still Leidenden. Je näher Ihnen diese Person steht, desto achtsamer sollten Sie betreffend Angriffe dieser Art sein und sofort Grenzen ziehen. Machen Sie sich klar, dass Sie nicht für das Glück dieser Person zuständig sind, auch wenn sie Ihnen das vorhält. Für das eigene Glück ist jeder selbst verantwortlich, und es kann nicht dadurch entstehen, dass man anderen ein schlechtes Gewissen macht oder mit unausgesprochenen Erwartungen unter Druck setzt. Weil jedoch still Leidende in der Regel niemanden direkt angreifen, tun sich die meisten Menschen schwer, diesen Typus zu kontern, und lassen ihn gewähren. Still Leidende in extremer Ausprägung können mit ihrem Verhalten ganze Teams, Freundeskreise oder Familien tyrannisieren. Darum warten Sie nicht, dass ihm jemand anders Einhalt gebietet, sondern seien Sie der- oder diejenige, der oder die das Muster erkennt und durchbricht!

Wer nimmt in Ihrem Umfeld gerne die Rolle des Leidenden ein?
Wie haben Sie bisher auf das Verhalten solcher Personen reagiert?
Was könnten Sie in Zukunft anders machen?

Durchsetzen um jeden Preis: der Dominante

Er ist das krasse Gegenteil des still Leidenden. Menschliche Befindlichkeiten werden aus seiner Sicht überbewertet. Was er sich in den Kopf gesetzt hat, wird durchgebracht – koste es, was es wolle. Der dominante Verhaltenstypus hat vor allem ein Credo: »Um meinen Erfolg kümmere ich mich selbst.« Dominante Menschen sind distanzorientiert – wenn sie etwas sagen, dann reden sie in der Regel Tacheles. Ihnen ist Harmonie weniger wichtig, wenn es darum geht, Ziele zu erreichen oder den eigenen Willen durchzusetzen.

Wie bei allen Verhaltenstypen gibt es auch beim dominanten Typus unterschiedlich starke Ausprägungen. Reflektiert dominante Menschen können sich zum Beispiel auch zurücknehmen, wenn sie merken, dass sie ihrem Gegenüber zu viel Druck machen. Unreflektiert dominante Menschen spüren nicht, wenn ihre Umgebung unter ihrer Macht und Kontrolle leidet. Ihnen geht es darum, ihren Willen durchzusetzen, wenn es sein muss, auch mit der Brechstange. Die extremste Ausprägung des dominanten Verhaltenstypus ist der Narzisst. Er verfügt über keinerlei Feingefühl, setzt sich selbst groß in Szene und akzeptiert nur Menschen, die seinem Erfolg und seiner Karriere dienlich sind. Viele kennen diesen Verhaltenstypus aus ihrer täglichen Arbeitswelt.

Hätte ich doch nur!

Susanne ist Marketingleiterin in einem Pharmaunternehmen. Direkt der Geschäftsführung unterstellt, zeichnet sie für ein Team von acht Personen verantwortlich und ist zuständig für Kundenkommunikation, Messeauftritte, Publikationen und Social Media. Der Geschäftsführer leitet zugleich den Verkauf und ist Susannes engster Ansprechpartner und Vorgesetzter. Mit Mitte vierzig und langjähriger Marketingerfahrung ist Susanne nicht auf den Mund gefallen, organisiert immer wieder neue Projekte und setzt konsequent Ideen um. Seit einiger Zeit hat Susanne mitbekommen, dass der Geschäftsführer eine Affäre mit einer jüngeren Sekretärin ihres Teams hat. Seither scheint sich der Mittfünfziger um Jahre jünger zu fühlen und fällt außerdem durch höchst narzisstisches Gehabe auf. Sein ohnehin schon derb-chauvinistischer Wortschatz ist zunehmend geprägt von noch mehr anzüglichen Sprüchen, laut und ohne jedes Feingefühl.

Beim montäglichen Morgenmeeting zwischen Susanne und dem Geschäftsführer werden die Aktivitäten für die kommende Woche besprochen. Susanne ist seit jeher auf anzügliche Sprüche gefasst, nicht selten wird eine Sitzung mit den Grußworten »Na, Susi, am Wochenende wieder zu wenig Sex gehabt?« eröffnet. Susanne hat sich diesen Umgang immer gefallen lassen – ihr abwechslungsreicher Job und das hohe Gehalt hatten mehr Gewicht als die dämlichen Sprüche ihres Chefs. Mit der Affäre spitzt sich die Lage zu. Fast bei jedem Zusammentreffen demonstriert er seine Macht, indem er Susanne – meist sexistisch – beleidigt und kleinmacht. »Lass da mal einen Mann ran, du bist einfach zu schwach dafür!« oder »Du weißt ja, wo du als Frau eigentlich hingehörst!« sind nur einige der immer dreisteren Attacken. Susanne überlegt, wie sie der Situation Einhalt gebieten kann. Doch sie muss erkennen, dass der respektlose Umgang bereits zur Gewohnheit geworden ist und sie einfach zu lange gewartet hat. Als der Chef sie bei einem Termin mit einem Kunden schließlich als »Mein süßes Mäuschen« bezeichnet, bleibt ihr fast das Herz stehen. Auch der Kunde blickt peinlich berührt zu Boden, während ihr Chef laut über seine gelungene Wortwahl lacht. Susanne wünscht sich nur noch, ein Spalt im Erdboden würde sich auftun, in dem sie versinken könnte. Sie weiß, wenn sie jetzt etwas sagt, folgt die nächste, schlimmere Attacke, um sie kleinzuhalten. Daher schweigt sie.

Am Abend erzählt sie die Geschichte einer Freundin. Diese schaut Susanne ungläubig an: »Was, DAS hast du dir gefallen lassen?« Susanne fragt sich im Nachhinein, wie sie nur so lange hatte warten können. Hätte sie doch nur sofort eine klare Grenze gezogen! Jetzt wird sie hart durchgreifen müssen, um ihren Status wiederherzustellen.

Es ist keine Seltenheit, dass extrem dominante oder narzisstische Menschen Beleidigungen und Sexismus als Mittel ihrer Machtdemonstration wählen. In Susannes Fall war die Ausprägung des Geschäftsführers bereits vorhanden und steigerte sich im Laufe der Zeit, weil sie ihn gewähren ließ. Dieser hat in seinem Arbeitsumfeld einen hervorragenden Nährboden, um seine Neigung zu kultivieren: zum einen die hierarchische Position an der Spitze, die ihm Machtgefühl verleiht, und zum anderen die Affäre mit der jüngeren Sekretärin, die ihn in seinem Denken begehrenswert macht. Das bestätigt ihn, und er nimmt sich immer mehr heraus, probiert, wie weit er gehen kann. Susanne hätte bereits bei der ersten Anspielung kontern müssen, werden Sie nun sagen. Sie haben recht – und auch Susanne weiß das heute. Wer sich derartige Machtdemonstrationen gefallen lässt, stellt alle Weichen zugunsten des Angreifers. Hätte Susanne beim ersten Angriff deutlich darauf hingewiesen, dass sie diese Art der Kommunikation ablehnt, und gebeten, das zu unterlassen, hätte der Chef nicht so leichtes Spiel gehabt. Natürlich hätte er es immer wieder versucht, denn Narzissten legen ihr Verhalten nicht einfach ab, nur weil jemand treffend kontert. Aber Susanne hätte zumindest für sich selbst Grenzen gezogen. Da sie dies unterließ, wurde sie sukzessive zur Spielfigur des Chefs, bis sie sich selbst zu klein fühlte, um noch irgendwie zu kontern.

Es ist ein Muster, das Opfer von Narzissten immer wieder beschreiben: Das Machtgefüge schleicht sich langsam, aber sicher ein, und irgendwann wacht man auf und erkennt, dass man in einem wahren Spinnennetz gefangen ist und sich daraus kaum mehr befreien kann.

Zum Glück hat nicht jeder dominante Verhaltenstyp solch extreme Ausprägungen wie Susannes Geschäftsführer. Meist äußert sich dieser Typus in deutlicher Sprache, offensivem Blick und starker Territorialsprache. Das bedeutet, dass dominante Menschen sich gerne Raum nehmen, zum Beispiel mit ihren Utensilien am Besprechungstisch oder mit einer großen Gestenführung. Sie machen sich körperlich genussvoll breit und nehmen sich auch verbal Raum. Wenn sie etwas zu sagen haben, fallen sie anderen ins Wort oder übertönen sie durch ihre Lautstärke. Typische Angriffsmuster müssen nicht so extrem sein wie jene von Susannes Vorgesetztem, sondern können sich auch in Form einer Flut von Hinweisen oder Zurechtweisungen äußern. So sagt ein dominanter Mensch oft frei heraus: »Das ist falsch!« oder »So ein Schwachsinn!«, wenn ihm an Ihrem Vortrag etwas nicht passt. Ein auf Harmonie bedachter Mensch würde seine Wortwahl vorher überlegen und seine Zweifel weicher formulieren: »In Anbetracht der Umstände sollten wir das noch einmal überprüfen.«

Bemerken Sie also, dass Sie es mit einem dominanten Menschen zu tun haben, dann zeigen Sie ebenfalls harte Kante. Dominante Menschen greifen meist frontal an. Lassen Sie sich nicht zurückdrängen, kontern Sie klar und deutlich. Ziehen Sie sofort Grenzen, sobald Sie das Verhalten als übergriffig empfinden. Sagen Sie, dass Sie diese Form der Kommunikation oder des Verhaltens nicht akzeptieren. Ein dominanter Gegner muss Sie spüren, damit er Sie respektieren kann. Rückzug oder schmollen helfen hier gar nichts, das wird ihm nicht einmal auffallen. Zeigen Sie hingegen Profil, ernten Sie den Respekt des Dominanten.

Wo sind Sie mit dominanten Menschen konfrontiert?
Wie gingen Sie im Umgang mit diesen bisher vor?

Kritisch bis ins Detail: der Pedant

Bislang haben wir uns bei den Angriffsmustern auf der Achse Distanz-Nähe bewegt. Nun kommt eine weitere Achse hinzu, die eine wesentliche Auswirkung auf menschliches Verhalten hat: die Achse Dauer-Wechsel. Dauertypen sind Menschen, die auf Kontinuität, Qualität und Vorhersehbarkeit bauen. Ihnen ist wichtig, dass alle Details besprochen werden, dass Informationen belegbar sind. Sie brauchen eine klare Struktur und planbare Abläufe, sonst werden sie schnell unangenehm. In ihrem Konfliktverhalten sind Dauertypen gerne kritisch, fragen vermeintlich sachlich nach, stellen jedoch auch mal gerne die Kompetenz ihres Gegenübers infrage. Wenn sie nur eine kleine Unsicherheit in der Argumentation bemerken, haken sie sofort ein und lassen nicht mehr los. In der extremen Ausprägung entwickelt sich aus dem Dauertypus ein regelrechter Pedant, der alles und jeden kritisieren muss. Geraten Sie in einen Angriff durch eine pedantische Person, erkennen Sie das an Aussagen wie »Hast du das eigentlich schon einmal genau durchgerechnet?« oder »Dazu fehlen Ihnen die Fakten!« Der Pedant geht gerne ins Detail und treibt Sie mitsamt dem Publikum auf Nebenschauplätze. Lassen Sie sich zu tief auf eine Diskussion mit ihm ein, werden Sie sich schnell verzetteln und verlieren das eigentliche Ziel aus den Augen. Zudem stehen Sie im schlimmsten Fall als inkompetent oder unvorbereitet da, wenn der Pedant Sie erst einmal in seine Fänge bekommen hat.

So schreibt mir Michael, angehender Wirtschaftsprüfer in einer großen Kanzlei, über seinen Vorgesetzten:
»Egal was ich vorbereite, mein Vorgesetzter hat immer etwas auszusetzen. Wenn ich stundenlang an einer Auswertung gearbeitet habe, findet er garantiert ein Haar in der Suppe. Ist inhaltlich nichts auszusetzen, kritisiert er die unübersichtliche Aufbereitung. Ist alles übersichtlich, regt er sich auf, dass es zu wenig akademisch aussieht, und so weiter. Für ihn kann ich nichts richtig machen. Auf Dauer setzt mir das sehr zu, ich merke, wie mein Selbstbewusstsein schwindet. Aber gerade das brauche ich doch, wenn ich als Prüfer kompetent bei meinen Mandanten auftreten soll! Es ist ein Teufelskreis, aber kündigen will ich so knapp vor meinem Abschluss der Wirtschaftsprüferausbildung auch nicht.«

Wenig überraschend findet sich der Dauertypus speziell in Berufsfeldern, in denen Genauigkeit gefragt ist, also bei Banken, Versicherungen, Prüfungs- und Anwaltskanzleien und in technischen Betrieben. Quer über alle Branchen ist er oft in den Bereichen Buchhaltung, Controlling oder IT tätig. Auch Sachbearbeiterjobs mit vorhersehbaren Aufgaben kommen dem Dauertypus entgegen. Seltener werden Sie ihn in kreativ-visionären oder künstlerischen Berufsfeldern antreffen. Michaels Vorgesetzter hat sein Verhalten kultiviert und genießt es vermutlich, an jeder Arbeit etwas auszusetzen. Er ist derart detailverliebt, dass er an Kleinigkeiten hängen bleibt und dem Verursacher einen Strick daraus dreht. In Michaels Fall rate ich dringend, sich so weit wie möglich abzugrenzen. Wie bei allen Verhaltenstypen ist es nicht Michaels Aufgabe, seinen Vorgesetzten zu ändern – das ist auch gar nicht möglich. Aber er kann sich selbst aus dem Kreuzfeuer der Kritik nehmen. Dazu ist es wichtig, den Fokus rasch auf die eigentliche Aufgabe zurückzulenken. Auch hier ist Rechtfertigung absolut unangebracht. Sie gibt dem Pedanten recht und befeuert ihn nur noch in seiner Kritik.

Pedanten reagieren auf Sachlichkeit. Michael kontert daher am besten mit einer rhetorischen Frage: »Was ist das Ziel dieser Auswertung? Zum einen soll damit dargestellt werden ..., zum anderen dient sie als Beleg für ... Das zeigt die Tabelle auf einen Blick.« Würde er dagegen im Detail erklären, warum er was gemacht hat, würde er sich rasch in Nebensächlichkeiten verstricken und die Diskussion verlieren, denn bei Details ist der Pedant haushoch überlegen. Verlieren Sie in solchen Fällen niemals das Ziel aus den Augen, auch wenn die Verlockung zur Rechtfertigung noch so groß ist, auch wenn Sie wissen, dass Sie recht haben und dem Pedanten saftige Argumente servieren könnten.

Das Verhalten des Pedanten zieht sich häufig durch bis in den persönlichen Alltag. Da Pedanten aus der Ecke des Dauertypus kommen, tendieren sie dazu, die Umstände negativ zu interpretieren, bis man ihnen das Gegenteil bewiesen hat – und das ist meist unmöglich, da sie sowieso auf ihrer Meinung bestehen. Pedanten geraten rasch in eine einzementierte Position, von der sie nicht mehr abrücken können, ohne ihr Gesicht (auch vor sich selbst) zu verlieren. Im privaten Umfeld erkennen wir das Angriffsmuster des Pedanten an häufigem Nörgeln und Unzufriedenheit mit dem Partner und den eigenen Kindern. Im Laufe einer Beziehung kultivieren manche Menschen ihre Macken bis hin zu filmreifem Ausmaß. Oder haben Sie nicht auch diese eine Bekannte, deren Wohnung klinisch sauber geputzt ist und die sich trotzdem bei jedem Besuch entschuldigt, dass es so schmutzig und unaufgeräumt bei ihr ist? Denken Sie, dass der Partner oder die Kinder dieser Dame ihrem Reinheitsanspruch jemals gerecht werden können? Ich bin überzeugt, dass das nicht möglich ist. Ich kenne mehrere Frauen, die ganz selbstverständlich den Haushalt als ihre ureigene Aufgabe sehen und die Unterstützung durch ihren Partner gar nicht wünschen, da er aus ihrer Sicht nicht genau oder sauber genug putzt. Auch sind mir einige Männer bekannt, die sich darüber beschweren, dass man »alles selbst machen« müsse. Wir sind unseres eigenen Glückes Schmied und sollten hinterfragen, ob wir wirklich unter einer Mehrfachbelastung leiden müssen, oder einfach Aufgaben delegieren – auch, wenn jemand anderes sie nicht ganz nach unseren hohen Ansprüchen ausführt.

Meine Einstellung zu diesem Thema ist mit den Jahren sehr klar geworden. Als Coach durfte ich schon viele dabei begleiten, ihre Werte und Vorstellungen zu hinterfragen. Wenn Menschen sich entscheiden, ihre eigenen Mauern zu durchbrechen, und die wunderbare weite Welt dahinter entdecken, ist das der schönste Lohn. Sind Sie im Beruf oder in Ihrer Beziehung mit einem Pedanten konfrontiert, so diskutieren Sie nicht über Details. Respektieren Sie ihn, aber machen Sie ihn darauf aufmerksam, dass Ihr persönlicher Fokus sehr viel weiter und offener ist und Sie übergeordnete Prioritäten haben. Damit grenzen Sie sich ab und bringen durch Ihren Stil den Pedanten möglicherweise sogar dazu, ein richtiges Abenteuer zu wagen und ein klein wenig von seinen eigenen Anforderungen abzuweichen. Doch Achtung – das funktioniert maximal schrittweise, mit der Brechstange kommen Sie hier nicht durch.

Welche detailverliebten Kritiker finden sich in Ihrem Umfeld? In welchen Bereichen arbeitet Ihrer Meinung nach kein anderer so gut und genau wie Sie selbst?

Alles kein Problem! Der Redegewandte

Betrachten wir nun den schlimmsten Albtraum des Pedanten. Es handelt sich um einen Verhaltenstypus, der gerne einmal fünf gerade sein lässt. Nichts ist so schlimm, dass gleich die Welt untergeht. Strukturen und Regeln sind für diesen Typus maximal Empfehlungen, Action und Abwechslung sind jedoch höchst gefragt. Während der Pedant bereits seit dreißig Jahren in der gleichen Pension Urlaub macht, geht dieser Verhaltenstypus schon zum dritten Mal auf Weltreise. Für Neues begeistert er sich sofort, ist Feuer und Flamme für Trends – das kann sich aber auch schnell wieder ändern. Er redet gerne, holt weit aus und inszeniert sich und seine Geschichten prächtig. Gerät er in eine Schieflage, können Sie sich vermutlich bereits vorstellen, was er tut: er relativiert. Die Rede ist von einem Wechseltypus, der veränderungsfreudig und grundsätzlich positiv eingestellt ist. Jetzt werden Sie sagen: »Schön, von diesem Typus habe ich nichts zu befürchten. Warum sollte er angreifen, wenn er doch so positiv und mit sich selbst mehr als zufrieden ist?«. Der Wechseltypus ist redegewandt und zeigt in seiner extremen Form verschiedene Ausprägungen: zum einen kann er ein Blender sein, der sich Vorteile erschleicht; zum anderen kann er zum Relativierer werden, der permanent verharmlost und andere wie maßlose Hypochonder dastehen lässt. Oder er erhebt Kleinigkeiten zu einer allgemeingültigen Regel und macht seine Gegner auf diese Weise mundtot. Sehen wir uns diese Formen im Detail an, lässt sich rasch erkennen, warum dieser Verhaltenstypus gerade jene, die Wert auf Qualität und Genauigkeit legen, zum Kochen bringt.

So kannte ich einen Wirtschaftsstudenten, der sich in allem, was er tat, stets als Sieger präsentierte. Seine Zensuren waren im unteren Mittelfeld, doch das tat seinem Selbstbewusstsein keinen Abbruch. Er ließ sich als Vertreter für eine Studentenvereinigung nominieren, um noch einige Jahre länger auf Staatskosten das Studentenleben genießen zu können. Später nutzte er die politische Vernetzung dieser Vereinigung, um seinen ersten Job in einem parteinahen Konzern anzutreten. Es dauerte nicht lange, bis er in eine leitende Position aufstieg. Erst vor Kurzem dachte ich bei meiner morgendlichen Lektüre: »Schau, wer da aus der Zeitung lacht!« Der Sunnyboy hatte bereits die nächste führende Position in einem anderen Unternehmen inne. Die Vermutung liegt nahe, dass seine Kompetenz, sich gut zu inszenieren und zu verkaufen, äußert stark ausgeprägt ist und ihm hilft, verbal geschickt durch den einen oder anderen fachlichen Engpass zu navigieren.

Nun ist dieses Verhalten noch lange kein Angriff auf andere. Ganz im Gegenteil. Der Redegewandte sieht sich, ähnlich wie der dominante Verhaltenstypus, für sein Glück selbst zuständig. Im Laufe seines Lebens hat er erkannt, dass er mit seiner gesprächigen, oft lustigen Art Erfolg bei seinen Mitmenschen hat. Häufig erspart er sich sogar mühselige Studien und Vorbereitung, weil er sich einfach gut verkaufen kann. Deshalb setzt er dieses Verhalten ganz selbstverständlich ein. Das kann mitunter dazu führen, dass er die Erfolge anderer als die seinen verkauft. Begegnen Sie in Ihrem beruflichen Umfeld diesem Verhaltenstypus, sollten Sie achtsam sein. Sonst geht es Ihnen wie

Christian, der die Macht des Blenders unterschätzt und vorerst als lächerlich abgetan hat.

Hätte ich doch nur!
Christian ist Verkaufsleiter in einem Autohaus. Seit einigen Jahren bekleidet er diese Position und liebt es, seinen exklusiven Kunden die Vorteile der verschiedenen Modelle zu erklären. Der Geschäftsführer des Autohauses ist mit Christians Arbeit sehr zufrieden, seine Umsätze können jedem Vergleich mit seinen Kollegen aus der Branche mehr als standhalten. Eines Tages beschließt der Geschäftsführer, eine leitende Position für die gesamte Region zu vergeben, die den Verkauf übergeordnet koordiniert. Obwohl sich Christian für die Position beworben hat, holt der Geschäftsführer einen externen Kandidaten ins Unternehmen, mit dem Argument, Christians Beförderung sei sonst ungerecht gegenüber den anderen Verkaufsleitern. Christian ärgert sich maßlos, akzeptiert jedoch die Entscheidung seines Chefs. Als ihm Hubert, der neue Regionalleiter vorgestellt wird, muss Christian schmunzeln. Dieser schnöselartige Bubi im dunkelblauen Slim-Fit-Anzug soll ihm vor die Nase gesetzt werden? Und wie der supergescheit daherredet, unglaublich. Der wird Christian sicher nicht sagen, was er zu tun hat!

Einen Monat später findet das erste Verkaufsmeeting mit dem Geschäftsführer, dem Regionalleiter und allen Verkaufsleitern statt. Bisher hat in diesen Meetings jeder Verkaufsleiter seine Umsatzstatistik und seine größten Verkaufserfolge selbst präsentiert. Nun präsentiert der Regionalleiter als ersten Agendapunkt einen Gesamtüberblick. Christian traut seinen Augen nicht: Hubert Berger, der neue Leiter, hat sich die entsprechenden Folien bereits vorab aus dem Sekretariat geholt und präsentiert nun Christians feinsäuberlich vorbereitete Unterlage! Christian schäumt vor Wut. Am liebsten würde er diesem Knilch an die Kehle springen. Ungläubig blickt er zu seinen Kollegen, die das Ganze offenbar ohne innere und äußere Gegenwehr geschehen lassen. Auch der Geschäftsführer scheint das wie selbstverständlich zu akzeptieren. In letzter Sekunde entscheidet sich Christian, gute Miene zum bösen Spiel zu machen – schließlich möchte er nicht als hypersensibel oder eingeschnappt dastehen. Darum setzt er nur ge-

spielt überrascht in die Runde: »Oh, diese Folie kommt mir sehr bekannt vor. Euch auch?«. Niemand reagiert auf Christians zynischen Kommentar – wie peinlich!

Nach dem Termin nimmt der Geschäftsführer Christian zur Seite und fragt ihn, was dieser Kommentar sollte. »Unter vier Augen, Christian: Hindere Herrn Berger bitte nicht an seiner Arbeit. Er hat mir bereits mitgeteilt, dass du dich ziemlich unkooperativ verhältst.« Jetzt fällt es Christian wie Schuppen von den Augen: Der Regionalleiter erschleicht sich seinen Status, indem er die anderen beim Geschäftsführer schlecht aussehen lässt! Und dafür erhält er auch noch dessen volle Rückendeckung. Für Christian bricht eine Welt der Loyalität und Freude am Arbeiten zusammen. Hätte er im Meeting doch nur gleich treffend und ohne Zynismus gekontert! Dann hätte er zumindest seine Position klargemacht.

Christian ist Opfer einer besonders perfiden Vorgehensweise geworden. Der Blender hat hinter seinem Rücken nicht nur Christians Unterlage und somit den Erfolg als seinen verkauft, sondern auch den Geschäftsführer manipuliert, indem er Christian als unkooperativ verleumdete. In diesem Fall ist es besonders schwierig, richtig zu reagieren, weil Blender gerne Entscheidungsträger zu willigen Figuren in ihrem Spiel machen – freilich ohne dass diese es bemerken. Oft läuft dieses falsche Spiel über lange Zeit, und wenn die Opfer (derjenige, gegen den sich die Verleumdung richtet, wie auch der, der vom Blender dazu hinterlistig missbraucht wird) dahinterkommen, ist es meist zu spät. Dieses perfide Szenario kann sich zu einem veritablen Kampf gegen Windmühlenflügel entwickeln und großen Schaden anrichten. Denn der tägliche Kampf frisst sich in das Selbstbewusstsein und die Grundwerte des Haupt-Opfers. Stehen Sie also wie Christian im Visier eines Blenders, so weisen Sie anlassbezogen und sachlich darauf hin, dass es sich nicht um dessen Leistung, sondern um Ihre handelt. Fragen Sie ruhig der Höflichkeit halber nach, ob ihm das bei der Erstellung der Präsentation bewusst war. So muss er zumindest Stellung beziehen. Genießt der Blender bereits Deckung von oben, so sprechen Sie auch bei den zuständigen Vorgesetzten an, dass Sie dieses Verhalten nicht in Ordnung finden. Auch wenn es die Situation nicht mehr ändert: Tun Sie es Ihrem Ego zuliebe. Verlassen Sie nicht einfach das Unternehmen, ohne Ihre Werte klargemacht zu haben. Das sind Sie sich schuldig!

Weitere unangenehme Ausprägungen des Wechseltypus sind das Relativieren wichtiger Angelegenheiten und das Verallgemeinern unwichtiger Angelegenheiten. Was bedeutet das? Manche Menschen scheinen es zu ihrem Lebenskonzept erklärt zu haben, alles zu verharmlosen. »Das darf man nicht so eng sehen!« oder »Immer mit der Ruhe!« gehören zu ihren Standardaussagen. Haben Sie ein ernstes oder dringendes Thema, kann der Relativierer jedoch rasch zum Angreifer werden. Er fährt mit angezogener Handbremse und will diesen Stil auch unbedingt seinem Umfeld aufzwingen. Das Perfide an diesem Angriffsmuster ist, dass es meist nicht als solches durchschaut wird. Der Angreifer hat schließlich nichts Böses gesagt, ganz im Gegenteil, er hat sogar beschwichtigt. Geraten Sie an diesen Typus, kontern Sie am besten direkt: »Das sehe ich nicht so. Wenn wir jetzt nichts tun, werden wir ernsthafte Probleme bekommen.« Hier ist es wichtig, dass Sie auf der Dringlichkeit bestehen, sonst stellt der Relativierer Sie im übelsten Fall als überempfindlich oder gar hysterisch dar.

Das exakte Gegenteil betreiben Menschen, die verallgemeinern. Sie haben die Gabe, Kleinigkeiten zu einer allgemeinen Maxime zu erheben. So schreibt mir Philipp:
»Was mich ärgert, sind Verallgemeinerungen. Das heißt, mein Diskussionspartner benutzt Wörter wie grundsätzlich, generell oder in der Regel. Das macht den Gegenstand der Diskussion zunichte, bevor man überhaupt ordentlich darüber reden kann. Ein Beispiel: Bei einer Preisverhandlung frage ich nach einem Rabatt, weil ich eine große Menge bestelle. Der Verkäufer tut es einfach ab, indem er resolut sagt: ›Wir geben generell keine Nachlässe!‹«

Die Verallgemeinerung ist ein beliebtes Angriffsmuster, wenn der Gegner rasch mundtot gemacht werden soll. Philipp kann beim nächsten Anlass die deduktive Methode einsetzen, indem er den Verkäufer ersucht, seinen Fall im Speziellen zu betrachten. Wir sehen uns diese einfach anzuwendende Technik später noch genau an. Wichtig ist, dass Sie den Wechseltypus sofort erkennen und sich ob seiner Redegewandtheit nicht von Ihrem eigenen Weg und Ihrer Meinung abbringen lassen.

CONTRA PUNKT

Wann hat Sie das letzte Mal ein Blender so richtig aufgeregt und fassungslos gemacht?
Kennen Sie andererseits Menschen, die alles verharmlosen, und wer sind diese?

Erkennen Sie die Muster – und Sie sind im Vorteil

Wenn wir Angriffsmuster betrachten, muss uns klar sein, dass hinter jedem Angriff nicht nur ein sachlicher, sondern auch ein menschlicher Grund steht. In diesem menschlichen Aspekt will der Angreifer uns entweder schwächen oder uns zu etwas bewegen. So zeigen manche Menschen durch ihr demonstratives Leiden, dass ihr Gegenüber oder ihr Partner einfach nicht gut oder fürsorglich genug ist. Still leidende Menschen haben zwar Wünsche und Anforderungen, nur sprechen sie sie meist nicht offen aus. Sie sind derart näheorientiert, dass sie davon ausgehen, der andere müsse ohnehin fühlen, worum es ihnen geht. Leider ist das sehr oft nicht der Fall, und gerade, wenn der andere ein kontroverser Verhaltenstyp ist, kann die Situation eskalieren. Der amerikanische Anthropologe und Paartherapeut Gary Chapman beschreibt in seinem wunderbaren Buch »Die fünf Sprachen der Liebe« unterschiedliche Erwartungshaltungen (Sprachen), die Menschen an ihrem Partner gegenüber haben können: Manche brauchen Lob und Anerkennung, andere wünschen sich Zeit und wieder andere sehen Geschenke als schönste Liebeserklärung. Eine weitere Erwartungshaltung ist Hilfsbereitschaft, und die fünfte Sprache, die Chapman beschreibt, ist Zärtlichkeit. Gerne verwende ich diesen Ansatz auch, wenn es um Kommunikation im beruflichen Umfeld geht. Jeder Mensch hat dabei andere Schwerpunkte. Und jeder zeigt diese Schwerpunkte auch anders. Besonders die still Leidenden schaffen es jedoch oft nicht, ihre Wünsche zu artikulieren. Rasch werden dann bei Nicht-Erfüllung dieser Wünsche

Vorwürfe daraus, die den anderen zur Rechtfertigung verleiten. Leider bestätigt sich dadurch nur die Haltung des still Leidenden – ein Teufelskreis, den Sie nur durch konkretes Ansprechen der Situation durchbrechen können.

Ganz anders verhalten sich dominante Menschen, wenn sie ihre Ziele durchsetzen wollen. Ihr Muster ist frontal, oft laut, ungeduldig, und sie agieren gerne mit zunehmendem Druck. Erkennen Sie diese Zeichen, so erreichen Sie eine dominante Person am besten mit gutem Timing und Informationen, die auf den Punkt gebracht sind. Dominante hassen es, wenn sie das Gefühl bekommen, jemand verschwende ihre Zeit. Kommen Sie der dominanten Person also gerne mit Ihrem Verhalten entgegen, gehen Sie jedoch auf keinen Fall in die Knie! Wie schon erläutert: Die dominante Person muss Sie spüren und deutlich wahrnehmen, sonst kann sie Sie nicht akzeptieren. Nicht, weil sie nicht will, sondern weil sie nicht kann; ihr Grundverhaltensmuster ist nun einmal Distanz. Durchsetzen, Macht und Kontrolle haben Priorität – und zwar weit vor der Beliebtheit bei Mitmenschen. Sie müssen einem dominanten Menschen also konkrete Vorschläge machen und klar formulieren, was Sie wollen, sonst haben Sie keine Chance. Schlägt das Verhalten in Narzissmus, Sexismus oder verbale Erniedrigung um, stellen Sie klar, dass Sie so nicht kommunizieren werden. Berufen Sie eine Pause ein, bevor der Dominante sich in Rage reden kann. Verzichten Sie darauf, eingeschnappt zu sein oder zu schmollen, es ist vergeudete Energie.

Wenn Sie so richtig ins Detail gehen wollen, diskutieren Sie mit einem pedantischen Menschen. Am besten, Sie sind ungenau vorbereitet und sprechen über persönliche Einschätzungen – dann provozieren Sie das klassische Angriffsmuster des Pedanten: kritische Fragen, die an Ihrer Kompetenz kratzen, oder Vorwürfe, dass Sie nicht genau arbeiten. Der Pedant liebt Zahlen, Daten und Fakten. Er braucht Kalkulierbarkeit und Kontinuität und hasst unvorhersehbare Ereignisse oder Gefühlsduseleien. Wenn Sie einem Pedanten erzählen, dass Sie sich das neueste iPhone zugelegt haben, weil sie es einfach haben mussten, wird er Sie verwundert fragen: »War das alte kaputt?«. Außerdem würde er die Kosten vergleichen, alle verfügbaren Testberichte recherchieren und dann noch den günstigsten Tarif herausfinden. Sprechen Sie dann noch im gängigen Jargon (»Ich habe mir das neueste iPhone geholt!«), brennt dem Pedanten voraussichtlich auch die letzte Sicherung durch. So eine Anschaffung will schließlich genau überlegt sein, das holt man sich doch nicht einfach! Lassen Sie sich auf eine Diskussion mit einem Pedanten ein, laufen Sie Gefahr, Ihr Ziel aus den Augen zu verlieren. Sie rechtfertigen sich noch für Details und Randschauplätze, während das große Ganze aus dem Fokus gerät. Kontern Sie den Detailverliebten daher am besten mit einer rhetorischen Frage, die Sie gleich selbst beantworten: »Warum war mir diese Kaufentscheidung so wichtig? Erstens ist es in meinem Beruf unerlässlich, neues Equipment zu haben. Zweitens ... drittens – daher ist das neue iPhone die perfekte Lösung für mich.«

Während Sie von Pedanten noch relativ offene Kritik erwarten können, treiben redegewandte Menschen oft ein manipulatives, perfides Spiel mit Ihnen. Im Grundtypus wechsel- und veränderungsfreudig, haben Redegewandte keine Schwierigkeiten, sich an neue Situationen anzupassen. Sie kommen schnell ins Gespräch, mischen sich gerne unter Menschen und sparen nicht mit blumigen Ausführungen, bei denen sie sich selbst sehr vorteilhaft darstellen. Das kann so weit gehen, dass Sie es mit einem Blender zu tun haben, der Ihre Leistung als seine eigene darstellt und Sie obendrein noch bei Vorgesetzten in ein schiefes Licht rückt. Reagieren Sie umgehend, weisen Sie auch vor versammelter Mannschaft darauf hin, wenn sich der Blender mit fremden Federn schmückt. Formulieren Sie es jedoch nicht als Vorwurf, sonst könnte er sie als paranoid hinstellen. Fragen Sie besser nach, ob ihm der geistige Ursprung der Information auch bei der Erstellung der Präsentation bekannt war.

Eine weitere Taktik redegewandter Menschen ist die Verharmlosung oder Verallgemeinerung von Tatsachen. Wenn Ihnen etwas wichtig ist, lassen Sie Kommentare à la »Das darf man nicht überbewerten« niemals im Raum stehen. Reagieren Sie und bleiben Sie bei Ihrer Forderung: »Im Gegenteil. Wenn wir jetzt nicht handeln, dann werden wir Probleme bekommen.« Dasselbe gilt für Verallgemeinerungen. »So etwas hat es bei uns noch nie gegeben« oder

»Das haben wir immer schon so gemacht« gelten für Sie ab sofort nicht mehr. Gehen Sie ins Detail: »Was spricht dagegen, dass wir es jetzt probieren?« Fordern Sie in jedem Fall Erklärungen für derartige Pauschalaussagen ein.

Natürlich haben Angriffe noch viel mehr Facetten als die hier angeführten. Verhaltensmodelle wie jenes von Riemann und Thomann, das ich gerne im Coaching nutze, versuchen, die Komplexität zu reduzieren. Es geht nicht darum, Menschen in Schubladen zu stecken und Handlungsanweisungen zu treffen. Dieses kausale Vorgehen (wenn er A sagt, sage ich B, dann sagt er C) funktioniert in der täglichen Kommunikation nicht. Menschen sind so vielfältig, die Motive für ihr Handeln so unterschiedlich. Ich erlebe oft in Unternehmen, dass Führungskräfte mit schwierigen Menschen kämpfen. Sie erkennen, dass das ganze Team in Gefahr ist, und schaffen es dennoch nicht, die Wurzel des Übels zu entfernen. Wertvolle Mitarbeiter und Kolleginnen verlassen das Unternehmen, während die Distel noch immer tief verwurzelt an ihrem Platz sitzt. Mein Appell an Sie, liebe Leserin, lieber Leser: Reagieren Sie! Warten Sie nicht, dass es jemand anderes tut. Egal, welches Angriffsmuster eine Person verwendet. Egal, ob Ihnen genau jetzt ein schlagfertiger Kommentar einfällt oder nicht. Sprechen Sie die Person an. Im ersten Schritt ist es erst einmal wichtig, dass der Angreifer erkennt, dass Sie sein Spiel durchschaut haben.

Sind Sie bereit? Begleiten Sie mich jetzt in den zweiten Teil dieses Buches. Dort erfassen und analysieren wir gemeinsam die genauen Situationen, in denen Sie sich befinden, und erarbeiten Strategien und Taktiken, wie Sie treffende Konter für Ihre persönlichen Herausforderungen aufbauen können.

Decken Sie Angriffsmuster auf, indem Sie

- die vier Grundausrichtungen des menschlichen Verhaltens kennen und verstehen,
- Menschen als Zaungast bei Konflikten beobachten,
- ein Gefühl dafür haben, welchen Verhaltenstypus Sie selbst repräsentieren,
- auf Angriffe reagieren, sich aber keinesfalls rechtfertigen,
- zu Ihren Werten und Ihrer Gesprächskultur stehen.

Kommen Sie den unterschiedlichen Verhaltenstypen entgegen, holen Sie sie ab. Ihr Konter ist für den Angreifer bestimmt, legen Sie dabei nicht Ihre eigenen Maßstäbe an.

3.
Contra! Analyse, Strategie und Taktik

3.1 Was ist mein Ziel – eigene Interessen erkennen

Kennen Sie diese Personen, die auf alle Vorschläge stereotyp antworten: »Wie du willst« oder »Entscheide du« oder »Ganz egal«? Mich regen derart passiv agierende Zeitgenossen immer ein bisschen auf. Wie kann ihnen denn einfach alles egal sein? Wie gehen diese Menschen in ihrem Alltag vor? Überlassen sie die Entscheidung über ihre Ausbildung, ihren Beruf, ihre Finanzen und vielleicht ja sogar die Wahl ihres Partners auch den Menschen ihres Umfelds? Ich kann und will es mir nicht einmal vorstellen! Aus rhetorischer Sicht wie auch aus der Perspektive des Lebens an sich wissen wir auf jeden Fall: Wer kein Ziel hat, weiß nicht, wohin er unterwegs ist. Das mag banal klingen, aber diese mangelnde Zielsetzung und kaum vorhandene Präzision sind selbst im Businessbereich durchaus üblich, beispielsweise in einer typischen Meeting-Situation.

Befragen Sie doch einmal die Teilnehmenden zu Beginn einer Besprechung, was denn das genaue Ziel des Termins ist. Sie werden überrascht sein: Die meisten wissen es nicht oder nur ungefähr. Wollen Sie noch mehr Überraschungselemente? Dann fragen Sie bitte den Leiter des Meetings. Ich durfte vor meiner Selbstständigkeit und während meiner Zeit in Unternehmen jahrelang Meetings ohne Ziel erleben, im schlimmsten Fall noch zu Randzeiten und natürlich mit offenem Ende. Das heißt in der Regel, man startet um siebzehn Uhr, wenn alle vom Außendienst zurück sind, mit einem sich ewig hinziehenden, zeitlich ungewissen Ende. Es bedeutet auch, dass der Abend unplanbar ist und die Teilnehmenden nie wissen, wann sie nach Hause kommen und ob sie Familie, Freunde, Fitnessstudio oder den Elternabend wahrnehmen können. Das ist extrem demotivierend. Damals beschloss ich, dass jedes von mir organisierte Meeting drei Fixpunkte haben würde: ein Ziel und vor allem einen fixen Anfangs- und Endzeitpunkt! Allein diese kleine Änderung im Ablauf brachte mir im Durchschnitt eine Ersparnis von dreißig Prozent der bisherigen Zeit ein, weil die Teilnehmer viel besser vorbereitet waren und wir schneller zur Sache kamen.

Wer kein klares Ziel hat, gewinnt vielleicht eine Schlacht, verliert aber den Krieg.

Sich Ziele zu setzen, sollte jedoch nicht nur für Meetings eine absolute Grundbedingung sein. Legen Sie Ihr Ziel auch vor jedem sonstigen Gespräch fest, denn sonst entscheiden andere. »Where focus flows, energy goes«, beschreibt es der legendäre US-Motivationscoach Tony Robbins sehr treffend. Wenn Sie sich ein Ziel setzen, bewegen Sie sich automatisch dorthin. Darum verabschieden Sie sich jetzt am besten für immer von der Einstellung »Mir egal, soll doch der andere entscheiden«. Und steigen Sie ein in die Kunst zu entscheiden und klare Ziele zu setzen. Dazu ist vorab ein Blick in den Spiegel notwendig, um die eigene Motivation und die persönlichen Interessen zu erkennen. Ja, das ist meist unbequem und kann durchaus schmerzhaft werden, vor allem dann, wenn Sie bisher regelmäßig die Ursache für Konflikte und Streitigkeiten anderen in die Schuhe geschoben haben. Oder wenn Sie das Gefühl hatten, immer nachgeben zu müssen, weil andere schon klarere Ziele oder andere Pläne hatten.

Warum die Brechstange nichts bringt

Wenn ich von Zielen spreche, meine ich nicht immer nur messbare Ergebnisse. Gerade in Diskussionen geht es oft einfach darum, recht zu behalten. Arthur Schopenhauer bezeichnet das in seinem dialektischen Ansatz mit »per fas et nefas« (mit Recht wie mit Unrecht). Das heißt, wir wollen schlicht und ergreifend unsere Meinung durchsetzen! Stellen Sie sich vor, Sie sitzen in einem Meeting und Ihr Kollege holt wieder einmal zu einem ewigen Monolog aus. Er wird immer lauter, hört sich offenbar selbst gerne reden und lässt sich nicht unterbrechen. Seine Aussagen sind eindeutig selbstbewusst und höchst wertend. »Das hat wieder einmal ganz klar die Logistik vergeigt!«, urteilt er schneidend. Niemand widerspricht ihm, obwohl alle im Raum wissen, dass diese Aussage nicht den Tatsachen entspricht. Der gute Mann ist derart in Fahrt, dass er die gesamte Energie im Raum aufsaugt. Sollte doch jemand versuchen, etwas entgegenzusetzen, hat er sofort einen schlagfertigen Spruch auf den Lippen. Wie soll man so einem Typen beikommen?

Ein Effekt, den ich in solchen Situationen häufig bei Besprechungen wahrnehme, ist, dass die Gruppe dann insgesamt immer stiller wird. Man kennt den Kollegen ja, das muss einfach raus bei ihm, also lassen wir ihn doch wieder einmal reden. Das ist jedoch keine wirklich gute Idee. Denn wenn Sie mit diesem Meeting ein klares Ziel haben, dann müssen Sie auf jeden Fall kontern! Das bedeutet: Warten Sie nicht, bis das Meeting zu Ende ist. Es bedeutet auch: Warten Sie nicht, bis sich Ihr Magen schmerzhaft verkrampft, Ihr Hals vor Zorn anschwillt und Sie einen unkontrollierten Ausbruch erleiden. Machen Sie sich vor jedem Termin klar, was Ihr persönliches Ziel ist – auch dann, wenn Sie nicht den Lead des Meetings haben. Sie werden entdecken, dass Sie Ihre Zeit viel effizienter nutzen, wenn Sie vor jedem Termin Ihr Ziel abgesteckt haben.

Im privaten Umfeld sollten Sie natürlich nicht die Stoppuhr aktivieren, wenn sich Ihr Kumpel einmal ausheulen möchte. So viel Zeit muss im Freundes- und Familienkreis immer eingeplant sein. Sie kennen aber bestimmt auch diese Menschen, die Ihr offenes Ohr ausnutzen, die Sie mit ihren Geschichten zumüllen und keine Rücksicht auf Ihre eigenen Bedürfnisse nehmen. Wenn Sie vor jedem Zusammentreffen mit diesem Verhaltenstypus Ihr Ziel und Ihren Zeitrahmen planen, sind Sie gut beraten. Wobei ich stets empfehle, private Kontakte, die so agieren, grundsätzlich zu hinterfragen und sich gegebenenfalls von ihnen zu trennen. Es mag hart klingen, aber Energievampire dieser Art werden stets nur nehmen und niemals etwas zurückgeben. Im beruflichen Umfeld ist dies natürlich meist nicht möglich. Nur weil ein Besprechungsteilnehmer einen Tick zu dominant auftritt und in seinem Redeschwall nicht aufzuhalten ist, werden Sie nicht gleich das Unternehmen verlassen. Was können Sie also tun?

Sie haben es vielleicht schon erraten: Sie müssen höchst effektiv unterbrechen. Am besten sprechen Sie die Person deutlich mit ihrem Namen an. Bilden Sie eine Brücke oder eine Grenze. Beides bringt Ihnen Aufmerksamkeit und Redeanteil. Bei der Brücke geben Sie dem Gegner im ersten Zug recht, doch dann lenken Sie sofort auf Ihr Ziel: »Ich bin bei dir, Franz, dass es nicht optimal gelaufen ist. Aber sehen wir uns einmal an, worum es eigentlich geht.« Die Grenze ziehen Sie, bevor Ihnen der Kragen platzt: »Das sehe ich nicht so. Tatsächlich geht es doch um ...«. Warten Sie in beiden Fällen nicht zu lange, sonst fallen Sie in das Schweigen der anderen mit ein und verlieren Ihr Ziel aus den Augen. Wenn es Ihnen schwerfällt, andere zu unterbrechen, halten Sie Ihr Ziel und die drei wichtigsten Punkte schriftlich fest. Ihr Gegenüber kann ruhig sehen, dass Sie sich einige Punkte vorbereitet haben, und Sie haben noch dazu die Möglichkeit, auch mit Ihrer Gestenführung immer wieder auf die Punkte zu weisen und so den anderen durch diese durchzuführen. Bei sehr gesprächigen oder rechthaberischen Personen bringt Ihnen weder provokantes Schweigen noch brachiale Lautstärke nachhaltigen Erfolg. Setzen Sie daher auf präzise Vorbereitung, klare Ziele und kontinuierliches Einlenken. Das kostet zwar Energie, lässt Sie aber zufriedener aus dem Termin gehen.

Maria beschreibt diese Emotion perfekt:
»Jedes Mal, wenn wir ein Statusmeeting mit dem Team aus unserer Zentrale haben, sind die Redeanteile total unfair verteilt. Immer meldet sich zuerst die Eventmanagerin zu Wort, die dann so lange spricht und ihre eigenen Projekte so ausschweifend inszeniert, dass für die anderen drei Teilnehmer nur mehr ein paar Minuten übrig bleiben. Am liebsten würde ich sie einmal so richtig anschreien, damit sie die Klappe hält!«

Marias Gefühle sind absolut verständlich. Doch was würde passieren? Ihre Kollegin würde sicher innehalten, doch die anderen Teilnehmenden wären zumindest irritiert und Maria würde sich keine Freunde machen. Nun werden Sie zu Recht sagen: Na und, es geht hier schließlich nicht um Harmonie! Stimmt, doch in einer Gesprächssituation sind meistens mehr Personen zugegen als Sie und Ihr Gegner. Greifen Sie zu brachial durch, haben Sie vielleicht den Gegner ausgeschaltet. Doch Sie haben möglicherweise auch den Respekt der anderen verloren. Ein Korrektiv kann übrigens auch eine Regulierung der Redezeit sein. Das bedeutet, die Besprechungsleitung gibt klar vor, wie viele Minuten den Teilnehmenden für ihre Agendapunkte zustehen. Besonders in

Online-Settings ist das ein probater Weg, um allen ihre gleich langen Redeanteile zuzugestehen. Virtuelle Meetings sind ohnehin meist exakter durchgeplant, vor allem, wenn es sich um Videokonferenzen handelt, bei denen die Teilnehmenden auch sichtbar sind. Wichtig ist, dass die Besprechungsleitung auch Erfahrung in der Moderation hat, um wertschätzend die Disziplin einzufordern. Hat sie diese Erfahrung oder Kompetenz nicht, so müssen Sie selbst beherzt das Wort ergreifen und den übereifrigen Redner unterbrechen. Die anderen werden es Ihnen danken.

Welches Ziel setzen Sie sich für Ihre nächste Besprechung?
Wie reagieren Sie, wenn Sie jemand nicht zu Wort kommen lässt?

Sagen Sie doch mal Nein

Nun kennen Sie Ihre eigenen Ziele. Um diese durchzusetzen, ist es manchmal notwendig, Nein zu sagen. »Oje, das Neinsagen liegt mir überhaupt nicht!«, klagen mir gegenüber viele Menschen, sowohl im Unternehmen als auch privat. Und genauso viele fühlen sich ausgenutzt, weil sie permanent gefragt werden, ob sie aushelfen können. Die Frage ist dann meist schon selbstverständlich und suggestiv formuliert: »Du bist sicher wieder bei der jährlichen Sammlung dabei, oder?« Wenn Sie sich bis zu diesem Punkt nicht im Klaren sind, was Ihr Ziel für dieses Gespräch, für dieses Jahr oder für Ihre weitere Mitgliedschaft im Verein ist, wird es schwierig, diese Aufforderung auszuschlagen. Je nach Verhaltenstypus antworten Sie dann »Von mir aus!« oder »Na klar, ich schon wieder. Die anderen werden erst gar nicht gefragt«. In beiden Fällen sind Sie höchstwahrscheinlich nicht zufrieden.

Nein sagen ist für viele Menschen im Berufsleben ein Thema oder sogar ein Problem. Wer bereits ausgelastet ist, tut sich schwer, noch ein Projekt anzunehmen oder eine weitere Unterlage für seinen Auftraggeber zu erstellen. Oft wollen wir auch nicht unhöflich sein oder im Sinne unserer hohen Serviceorientierung keinen Kundenwunsch ablehnen. Doch es bringt absolut nichts, wenn Sie einen Auftrag annehmen und dann entweder unpünktlich liefern oder Ihre wertvolle Freizeit opfern müssen.

Hätte ich doch nur!
Sonntagabend, neunzehn Uhr. Lydia liegt auf dem kuscheligen Sofa in ihrer kleinen Stadtwohnung und starrt an die Decke. Sie fühlt sich ausgelaugt und leer. Eigentlich fühlt sie gar nichts mehr. Außer, wenn sie an den morgigen Montag denkt. Dann zieht sich ihr Magen schmerzhaft zusammen. Um sieben Uhr dreißig würde sie wieder an ihrem Platz im Büro sitzen und die Abgabe der Ausschreibungsunterlagen finalisieren. Draußen wird es bereits dämmrig, ein wunderschönes, mildes Oktoberwochenende geht zu Ende. Ein sehr spezielles Wochenende. Lydias beste Freundin Bärbel hat am gestrigen Samstag bei strahlendem, goldenem Herbstwetter ihre Hochzeit gefeiert. Lydia hatte sich unendlich auf diesen Tag gefreut und konnte es nicht erwarten, das Glück und die Freude ihrer Freundin mitzuerleben.

Kurz bevor Lydia am Freitag ihr Büro verlassen wollte, wurde sie jedoch von ihrer Projektleiterin gebeten, am Samstag und Sonntag mit ihrem Team durchzuarbeiten, weil ein bestimmtes Projekt – Ausschreibungsunterlagen für einen Auftrag im sechsstelligen Umsatzbereich – ohne Lydias Mitwirkung am Montag nicht abgabereif wäre. Lydia hatte zuerst entrüstet abgelehnt und der Projektleiterin von der Hochzeit erzählt. Doch diese hatte sie geschickt manipuliert. »Es ist ja nicht deine eigene Hochzeit. Da wäre das natürlich nicht möglich. Aber deine Freundin wird es sicher verstehen. Wir organisieren einen feinen Gutschein, dann könnt ihr irgendwann einmal einen schönen gemeinsamen Abend im Restaurant verbringen und gebührend nachfeiern.«

Lydia war hin- und hergerissen. Mit ihren einunddreißig Jahren hatte sie einen gut bezahlten Job und eine schöne Stadtwohnung, sie war unabhängig und wollte in diesem Unternehmen unbedingt Karriere machen. Zudem wollte sie ihr Team nicht im Stich lassen. Sie wog das Für und Wider lange ab. Schweren Herzens entschied sie sich schließlich, ihre Teilnahme an der Hochzeit abzusagen. Bärbel fiel aus allen Wolken. Lydia druckste herum, erklärte, dass es quasi be-

ruflich gesehen um Leben und Tod gehe. Bärbel zeigte schließlich Verständnis, aber Lydia hörte an ihrer Stimme, dass sie tief enttäuscht war. Nach dem Telefonat fühlte sich Lydia wie eine Verräterin. Verbissen und unglücklich arbeitete sie Samstag und Sonntag durch, während sie immer wieder den Instagram-Storys ihrer Freunde folgte, die sich auf der Traumhochzeit amüsierten.

Nun liegt sie an diesem Sonntagabend lethargisch auf ihrem Sofa und fragt sich, warum sie nicht energisch Nein gesagt hat. Wo sind ihre Prioritäten geblieben? Was ist wichtiger im Leben: Freundschaften oder ein Job, der ihr derartige Entscheidungen abverlangt? Eine dicke Träne kullert über ihre Wange. Sie kennt die Antwort. Sie hätte rechtzeitig kontern und diesen Wochenendeinsatz konsequent ablehnen sollen.

Nein sagen ist eine der meistunterschätzten Herausforderungen im Berufs- und Privatleben. Es hat viel mit Selbstachtung und Persönlichkeit zu tun. Sind Sie es sich wert? Sind Ihre Freunde, Ihre Familie es wert, dass Sie anderen Menschen ein Nein erwidern? Lydia wird künftig sicher genauer abwägen, ob sie ihre Karriere über ihre Freundschaften stellt. Und so wie Lydia geht es den meisten Menschen: Sie spüren es sofort, wenn sie sich zu einer Zusage haben hinreißen lassen und es sich gleich danach mies anfühlt. Doch warum tun wir es dann? Die meisten Menschen reagieren auf jene, die am lautesten schreien, also den meisten Druck ausüben.

Kennen Sie das? Es stehen etwa für den heutigen Arbeitstag zehn Aufgaben auf der Agenda, und Sie ordnen diese üblicherweise nach der effizientesten Reihenfolge. Stellen Sie sich vor, Sie sind gerade bei Aufgabe zwei, da ruft ein Kunde an und betont, wie wichtig Aufgabe neun sei, wie lange es denn noch dauern würde. Sie wissen zwar, die anderen Aufgaben müssen ebenfalls heute erledigt werden, doch niemand ruft Sie dazu an und macht Druck. Also ziehen Sie kurzerhand Aufgabe neun vor. Ganz nach dem Motto: »Wo Feuer ist, wird gelöscht.« Bei den anderen Aufgaben hat Ihnen niemand Feuer unter dem Allerwertesten gemacht, also rücken sie nach hinten. Die Effizienz Ihrer Reihenfolge ist nun gestört, doch das Feuer ist gelöscht, der insistierende

Kunde hat bekommen, was er wollte. Wenn Sie diesen Mechanismus erst einmal durchschaut haben, werden Sie künftig besser darauf achten können. Sie setzen Ihre Prioritäten selbst, lassen Sie sich nicht bei der erstbesten Möglichkeit von Ihrem Kurs abbringen! Wenn Ihnen Ihr Vorgesetzter Druck macht, bitten Sie ihn, mit Ihnen gemeinsam zu priorisieren, was zuerst fertig werden soll. Andernfalls handeln Sie sich voraussichtlich noch mehr Druck oder sogar Angriffe betreffend Ihr Arbeitstempo ein.

Was aber tun, wenn die Kapazitäten voll ausgelastet sind und noch mehr Anfragen eintreffen? Es ist vielleicht im Moment die einfachste Antwort, aber bedenken Sie: Ein »Ja, aber« ist kein Nein. Besser ist es, wenn Sie ein Nein mit Hilfestellung abgeben: »Ich kann Ihnen das heute leider nicht mehr heraussuchen, aber hier ist die Adresse einer Website, auf der Sie die Info finden.« Geht es um einen konkreten Arbeitsauftrag, schlagen Sie Optionen vor: »Heute geht es sich leider nicht mehr aus. Sind Sie einverstanden, wenn ich Ihnen die Auswertung bis morgen zehn Uhr sende?« Ihr Auftraggeber wird mit Optionen viel zufriedener sein als mit einem kategorischen Nein. Das gilt vor allem dann, wenn Sie die Beziehung nicht gefährden wollen, wie das bei Freundschaftsdiensten manchmal der Fall ist. Wenn Freundschaftsdienste überstrapaziert oder ausgenutzt werden, ist es Zeit, etwas zu verändern. Sonst baut sich Frust auf und führt erst recht zu Konflikten.

Dazu fragte mich Arno vor einiger Zeit um Rat:
»Mein Freund Fritz ist einfach nicht für längere Beziehungen geschaffen. Allein im Vorjahr musste ich ihm zweimal beim Übersiedeln nach einer Trennung helfen. Das sind jedes Mal mindestens zwei Tage Arbeit. Jetzt ist wieder eine Beziehung in die Brüche gegangen. Nächsten Samstag muss er übersiedeln. Natürlich hat er wieder mich gefragt. ›Du bist ja jetzt schon routiniert‹, meinte er mit einem verschmitzten Augenzwinkern. Ich finde das ehrlich gesagt nicht mehr lustig. Wie kann ich Nein sagen, ohne die Freundschaft zu gefährden?«

Arno befindet sich in einer schwierigen Lage. Einerseits möchte er für seinen Freund da sein, andererseits strapaziert dieser die Freundschaft gerade ziemlich über das übliche Maß hinaus. Hier bietet sich ein Alternativvorschlag an: »Leider kann ich dir am Samstag nicht helfen. Ich leihe dir aber gerne meinen Transporter, dann ist dieses Thema schon mal gelöst.« Lassen Sie sich nicht zu einem Ja hinreißen, nur weil es bisher immer so war. Je nach Verhaltenstypus tun Sie sich schwerer oder leichter mit dem Neinsagen. Eine Seminarteilnehmerin hat es kürzlich so erklärt: »Wenn ich Nein meine, sage ich einfach Nein – wo liegt das Problem?«. Alle im Raum haben gelacht. So einfach ist das nicht immer. Wenn Sie Zweifel haben, den Bittsteller vor den Kopf zu stoßen, greifen Sie auf einen Alternativvorschlag zurück.

Was machen Sie mit der Kollegin, die immer wieder fragt, ob Sie ihr etwas abnehmen können, sich selbst im Gegenzug aber nie anbietet, Ihnen zu helfen? Schlagen Sie ein Gegengeschäft vor: »Okay, ich helfe dir mit den Aufträgen. Darf ich dafür morgen auf dich zukommen, wenn ich die Kundenbriefe versandfertig machen muss?« Holen Sie sich das Ja zur Gegenleistung am besten gleich ab. Dann gibt es keine Diskussion, wenn Sie darauf zurückkommen. Gegengeschäfte sind eine hervorragende Möglichkeit, den Bittsteller ebenfalls zur Verantwortung zu ziehen. Besonders bei Menschen, die Ihre Hilfsbereitschaft ausnutzen, wirkt die Methode, sie in die Pflicht zu nehmen. Beim nächsten Mal wird sich die Person genauer überlegen, ob sie schon wieder um Ihre Hilfe fragt oder nicht doch einmal selbst anpackt.

Es braucht Übung, konsequent Nein zu sagen. Viele haben es sich über die Jahre antrainiert, dass es keine Alternative zum Ja gibt. Immer schön hilfsbereit sein, es allen recht machen, ja nicht die Harmonie zerstören. Machen Sie jetzt ein für alle Mal Schluss damit! Sonst sind Sie mehr und mehr frustriert, werden zynisch und irgendwann geht der Deckel hoch.

Wer fragt Sie immer wieder um Unterstützung?
Wie reagieren Sie in der Regel darauf?
Zu welchen Menschen würden Sie niemals nein sagen? Und warum ist das so?

Das Ziel kennen und kommunizieren!

Haben Sie erst einmal beschlossen, Ihre Ziele in die eigenen Hände zu legen, werden Sie eine ganze Reihe an Vorteilen entdecken: von Zeitersparnis über eine adäquate Entlohnung bis hin zur Lebensgestaltung nach Ihren Vorstellungen. Viel zu oft lassen wir andere entscheiden, weil wir uns keine Gedanken zu unseren eigenen Zielen gemacht haben. Anschließend ärgern wir uns, denn es fällt uns meist zu spät ein, was wir wirklich wollen. Doch dann ist es zu spät. Mir gefällt zum Beispiel Heikes Liste, mit deren Hilfe sie sich überlegt hat, was sie eigentlich verändern will. Ihre beruflichen und familiären Ziele hat sie erreicht, doch immer wieder kommt es zu Situationen, mit denen sie nicht zufrieden ist. Und mit diesen Situationen setzt sie sich ab nun gezielt auseinander. Das klingt einfach, doch bei vielen ist der innere Schweinehund so stark, dass sie lieber unzufrieden lamentieren, als sich ein paar Minuten hinzusetzen und über das eigene Leben nachzudenken.

Ziele setzen bedeutet immer das Beschäftigen mit sich selbst. Ziele setzen bedeutet aber auch, sich Zeit zu nehmen und ohne Ablenkung in sich hineinzuhören. Sonst wird es schwierig, die eigenen Interessen umzusetzen. Haben wir schließlich die eigenen Ziele fixiert, dürfen wir dennoch nicht vergessen, dass oft auch andere ins Boot geholt werden müssen, um die Zielerreichung sicherzustellen. Es bringt wenig, wenn wir selbst hehre übergeordnete Ziele verfolgen, dabei aber vergessen, unser Umfeld einzubeziehen. Andere sind sehr viel motivierter, mit uns in Richtung Ziel zu marschieren, wenn wir sie abholen und eine gute Beziehungsebene schaffen. Das bedeutet nicht, es allen recht zu machen, denn sonst befinden wir uns erst wieder in der Bredouille. Wenn Sie ein Ziel verfolgen, teilen Sie es Ihrem Umfeld eindeutig und unmissverständlich mit. Ob Meeting, Vereinssitzung oder Privatleben: Wenn die anderen wissen, worum es Ihnen geht, verstehen sie auch Ihre Argumente besser.

Ziele setzen bedeutet oft, Nein zu sagen, wenn wir bisher Ja gesagt haben. Wer nicht gerade der Verhaltenstypus für kategorische Ansagen ist, wird damit zu Beginn vielleicht Schwierigkeiten haben. Versuchen Sie es auch hier vorerst mit einem Nein mit Alternativen. »Heute kann ich Ihnen dieses Angebot nicht mehr senden, aber bis morgen vierzehn Uhr sollte es möglich sein.« Hängen Sie gleich eine Rückfrage dran: »Einverstanden?« So holen Sie sich die Zustimmung ab, und der andere hat nicht das Gefühl, vor vollendete Tatsachen gestellt zu werden. Denn das ist ein häufiges Problem bei einem kategorischen Nein: Ihr Gesprächspartner weicht zurück, weil er sich unter Druck gesetzt fühlt, oder ist verärgert, weil Sie ihn im Regen stehen gelassen haben. Seien Sie hier etwas diplomatisch, Sie haben nichts zu verlieren. Ganz im Gegenteil: Nein sagen will geübt sein, und Sie werden langsam auf den Geschmack kommen und sich mehr trauen.

Kommunizieren Sie also Ihre Ziele klar und eindeutig, aber verzichten Sie dabei auf die Brechstangen-Technik. Wenn in einem Meeting andere Sie nicht zu Wort kommen lassen, sprechen Sie sie ruhig mit Namen an und bringen Sie deutlich und mit fester Stimme Ihre Argumente vor. So verschaffen Sie sich Präsenz und werden wahrgenommen. Nur weil keiner der anderen etwas sagt, heißt das nicht, dass Sie ebenfalls schweigen müssen. Auch das braucht Mut und etwas Übung, aber mit Ihren Zielen sehr präsent im Hinterkopf werden Sie viel leichter den Mut finden, Ihre Stimme zu erheben. Denn Ihre Energie richtet sich immer genau dorthin, wo Ihr Fokus liegt – diese Formel ist so einfach! Probieren Sie es gerne einmal beim Radfahren aus: Versuchen Sie geradeauszufahren und schauen Sie dabei nach rechts. Sie werden kläglich scheitern, denn Sie fahren genau dorthin, wohin Sie schauen.

Das Beschäftigen mit den eigenen Wünschen und Zielen ist eine Grundaufgabe, der wir laufend nachgehen sollten. Vor jedem Gespräch muss klar sein: Was will ich eigentlich? Wo bin ich bereit, zu verhandeln, wo sind meine Grenzen? Sonst werden wir von anderen gesteuert und tragen plötzlich Entscheidungen mit, die nicht unseren eigenen Vorstellungen entsprechen.

Steigen Sie doch gleich jetzt in Ihre Wünsche und Ziele ein, indem Sie zentrale Lebensbereiche durchleuchten:

- **Was möchten Sie beruflich noch in diesem Jahr erreichen?**
- **Welche persönlichen Kontakte wünschen Sie zu verstärken?**
- **Welchen Kontakten möchten Sie künftig weniger Zeit widmen?**
- **Für welche Bereiche wollen Sie Zeit gewinnen?**
- **Zu welchen Aufgaben werden Sie ab sofort Nein sagen?**

Teilen Sie Ihre Ziele auch Ihrem Umfeld unmissverständlich mit, dann fällt es Ihnen leichter, diese durchzusetzen. Rechtfertigen Sie sich dabei jedoch niemals!

3.2 Lagebestimmung – Konstellationen und Befindlichkeiten erfassen

Vor Kurzem durfte ich ein Seminar für Kundenberater im Finanzbereich halten. Ich stand vor zehn top ausgebildeten Damen und Herren, die ihre Expertise mit authentischer Rhetorik verknüpfen wollten. Nachdem wir uns ihre Körpersprache und ihre Inhaltsführung im Detail angesehen hatten, ging es an das Thema Feedback und kritische Rückfragen von Kunden. Wir diskutierten verschiedene Situationen, und ein Teilnehmer beschrieb wie folgt: »Wenn ein Klient schon zum dritten Mal anruft und mir jedes Mal auf unfreundliche Art vorwirft, ich hätte mich bei seiner Auswertung verrechnet, dann brauche ich Nerven wie Drahtseile. Vor allem bin ich dann ewig damit beschäftigt, den Beweis für meine richtige Berechnung zu erbringen und dies dem Kunden entsprechend darzustellen. Da juckt es mich ehrlich gesagt schon manchmal in der Faust, und ich hätte Lust, ihm zumindest verbal eins überzubraten. Was wäre das für eine Genugtuung!« Die anderen Teilnehmenden lachten, aber jeder verstand genau, was der Kollege gerade beschrieb. Manche Menschen nerven derart, und noch dazu auf extrem unfaire Weise, sodass wir irgendwann einfach zurückschlagen müssen, um unser eigenes inneres Wohl wiederherzustellen.

Auch ich verstehe diesen Kundenberater sehr gut, seine Emotion ist nur menschlich und stellt seine Professionalität keinesfalls infrage. Dennoch rate ich ihm, vor einem Zurückschlagen die Lage genau zu erfassen, um nicht womöglich Schlimmeres auszulösen. Genau dieses Problem ergibt sich nämlich oft, wenn Menschen denken, sie müssten besonders schlagfertig reagieren. Der Wortteil »schlag« impliziert bereits, dass es nicht sanft wird, der Wortteil »fertig« sagt uns, dass wir allzeit bereit sein und augenblicklich zurückschlagen müssen. Nun wissen wir, dass auch wir selbst nicht immer den perfekten Tag haben. Manchmal passiert Unangenehmes, zum Beispiel: Sie bringen Ihr Kind zu spät zum Kindergarten, weil Sie im Stau stecken geblieben sind. Dann zeigt Ihnen ein Verkehrsteilnehmer noch durch eine eindeutige Handgeste vor der Stirn, dass er offenbar ein Problem mit Ihrem Fahrstil hat. Sie kom-

Jeder Zustand
wird irgendwann
Normalität,
wenn niemand
ihn ändert.

men bereits mit einem Kloß im Magen und verärgert ins Büro. Dort warten schon zwei Kollegen mit dringenden Anfragen, und auf Ihrer Telefonliste sind bereits drei dringende Rückrufe vermerkt. Wie reagieren Sie nun, wenn jemand mit einer kritischen Bemerkung à la »Warum dauert das so lange?« auf Sie zukommt? Vermutlich heftiger, als Ihnen lieb ist. Angestauter Ärger muss auch mal raus, und das Ventil ist schnell gefunden, wenn im richtigen Augenblick noch ein untergriffiger Kommentar fällt. Wenn Sie jetzt Ihrem Ärger so richtig freien Lauf lassen, werden Sie vermutlich hart zuschlagen. Für eine nachhaltig gute Beziehungsebene ist das jedoch schädlich, denn ein harter Schlag hinterlässt Spuren. Daher empfehle ich Ihnen: Erfassen Sie die Lage, atmen Sie durch und kontern Sie klar und deutlich, jedoch nicht brutal oder sarkastisch.

Wie erfassen wir nun die Lage? Einen wesentlichen Schritt haben Sie bereits im letzten Kapitel gewagt, indem Sie Ihre eigenen Ziele und Befindlichkeiten durchleuchtet haben. Das erfordert Mut und die Bereitschaft, Konsequenzen aus dem bisherigen Verhalten zu ziehen. Dazu gratuliere ich Ihnen – Sie haben sich damit auf eine spannende Reise eingelassen! Um nun in kritischen Momenten die Lage rasch zu erfassen, benötigen wir die Sichtweise auf die Person, die Situation und die Beziehung, in der wir stehen. Nur in dieser Kombination können wir auf das Verhalten schließen. Psychologen nennen das Interaktionismus. Diese Bestandteile der kommunikativen Lage werden wir auf den nächsten Seiten betrachten, sodass Sie fähig sind, sich ein Bild zu machen und Ihren Konter abzuwägen, bevor Sie ihn Ihrem Gegner präsentieren. Nun denken Sie vermutlich: So viel Zeit habe ich doch nicht, da ist die Gelegenheit ja schon wieder vorbei. Keine Sorge – es funktioniert binnen weniger Sekunden!

Die Person annehmen: reagieren statt explodieren

Wann immer Menschen unfair reagieren, wollen sie damit nicht nur eine Botschaft, sondern auch ihre Gefühle übermitteln. Spätestens seit Paul Watzlawick und Friedemann Schulz von Thun wissen wir, dass jede Botschaft mehrere Aspekte hat. Schulz von Thun beschreibt diese Aspekte als die vier

Seiten einer Nachricht, von denen die eigentliche Botschaft, also der sachliche Inhalt, nur eine Seite darstellt. Wir vermitteln auch immer etwas über uns selbst: Wie sind wir gelaunt, was für ein Verhaltenstyp sind wir? Dann zeigen wir die Beziehung, nämlich wie wir dem anderen gegenüber eingestellt sind. Und zu guter Letzt schwingt immer eine Aufforderung mit, schließlich möchten wir mit unserer Nachricht beim anderen etwas erreichen. So können wir zum Beispiel »Das hast du gut gemacht!« auf viele verschiedene Arten betonen – und jedes Mal ist die Botschaft eine andere. In diesem Satz kann Lob, aber auch zynische Kritik liegen. Genau das gilt es zu erfassen.

Eine Person, die Sie kritisiert, sagt damit sehr viel über sich selbst aus und darüber, was sie von Ihnen hält. Im sogenannten Kommunikationsscreening betrachten wir den Menschen immer als Ganzes, das heißt mit Körpersprache, Gesichtsausdruck und Stimme. Diese Wahrnehmung clustern wir und machen uns ein Bild. Wenn Sie bereits an der Mimik erkennen, dass Ihr Gegenüber verärgert ist, können Sie sich sofort darauf einstellen. Kommt nun von dieser Person eine Kritik oder ein Angriff, wird dieser Ärger mit hoher Wahrscheinlichkeit mitschwingen. Nun ist es Ihre Entscheidung, ob Sie auf den Ärger eingehen oder Ihre Antwort so wählen, als hörten Sie nur den sachlichen Teil der Botschaft. Das funktioniert, solange der andere nicht sagt: »Ich habe mich über dich geärgert, weil ...«, sondern lieber mit zynischer Betonung ausruft: »Das hast du gut gemacht!«. So haben Sie die Wahl, ob Sie einfach »Danke!« sagen oder im Konter rückfragen: »Was genau meinst du?«. Nun muss der andere erklären und Ihnen sagen, was ihm eigentlich nicht passt. Bringt er seine Kritik im Detail oder greift weiter an (»Na, sieh dir doch die ganze Bescherung an!«), können Sie sich immer noch distanzieren: »Das sehe ich nicht so.« Wichtig ist für Sie das Bewusstsein, dass Sie stets die Wahl haben, auf welcher Ebene Sie reagieren.

Hätte ich doch nur!

Neue Häuser und Betriebsgebäude planen und bauen war schon immer Olivers Leidenschaft. Schon als Kind entwarf er enthusiastisch Modelle und schuf aus Zündholzschachteln bemerkenswerte Bauwerke. Heute, mit neunundzwanzig

Jahren, ist er bereits Projektleiter in einer Baufirma und träumt davon, irgendwann sein eigenes Unternehmen zu gründen. Oder besser gesagt – er träumte davon. Denn die aktuellen Ereignisse lassen ihn an seiner Vision zweifeln. Plötzlich steht Oliver sprichwörtlich im Regen vor dem Rohbau eines Hauses und versteht die Welt nicht mehr.

Das Bauprojekt des Einfamilienhauses der Familie Mayer war durch eine stete Abfolge zahlreicher exzentrischer Sonderwünsche von Beginn an eine einzige Hausforderung. Doch Oliver betrachtete diese Ansprüche als zusätzliche Motivation, sein Bestes zu geben, und kommunizierte in seiner Rolle als Schnittstelle die Wünsche der Bauherren akribisch an die Bauarbeiter. Obwohl das Projekt im zeitlichen Rahmen liegt, werden die Bauherren immer ungeduldiger, wie Oliver besorgt feststellt. Er bemüht sich daher, bei jedem Gespräch auf die Fortschritte, die Qualität der Arbeit und den exakt eingehaltenen Zeitplan hinzuweisen. Dennoch scheinen die Auftraggeber zunehmend unzufrieden zu sein. Auch in der heutigen Baufortschrittsbesprechung wird wieder endlos diskutiert. Oliver bemerkt an Herrn Mayers Tonfall, dass dieser sich in akuter Nörgellaune befindet. »Heute sind wieder nur drei statt vier Arbeiter da. Kein Wunder, dass ihr nichts weiterbringt!«, wirft er Oliver herrisch an den Kopf. Bevor Oliver reagieren kann, mischt sich Frau Mayer ein: »Da sind wir ja schneller, wenn wir es selbst machen!« Oliver kann nur schwer an sich halten. Am liebsten würde er sofort zurückschießen: »Dann baut es euch doch selbst, ihr undankbaren Schnösel!« Doch er weiß, dass er damit sicher eine Krise und vielleicht auch seine Kündigung heraufbeschwören würde. Also setzt er auf Rechtfertigung und erklärt, dass ein Arbeiter leider erkrankt ist, aber sie ja dennoch im Zeitplan liegen und als Team weiterhin ihr Bestes geben werden. Die Mayers sind damit offenbar zwar nicht ganz zufriedengestellt, hören aber nach einem gemurmelten »Ja natürlich, wer's glaubt« zumindest mit ihren Tiraden auf.

Oliver verlässt die Baustelle an diesem Tag geknickt und frustriert. Er fühlt sich völlig zu Unrecht beschuldigt und ist voll Wut, weil er sich diese unberechtigten, arroganten Vorwürfe gefallen lassen musste. Wie kommt er dazu, die Launen ignoranter Kunden ausbaden zu müssen? Am liebsten würde er alles hinschmeißen und dieses Projekt abgeben. Hätte er doch nur eine Idee, wie er bei zukünftigen Gesprächen mit den Mayers oder verbal ähnlich agierenden Kunden wenigstens seine Würde wahren könnte.

Was Oliver passiert ist, erleben viele von uns täglich: Wir stoßen auf Personen, die uns Vorwürfe machen oder beschuldigen, obwohl dazu überhaupt kein Grund vorliegt. Die Gefahr, sich zu rechtfertigen oder heftig zurückzuschlagen, ist in solchen Situationen sehr hoch. In Olivers Fall ist es wichtig, dass er in keines der beiden Muster verfällt. Hier kann er nur im Sinne einer weiteren halbwegs guten Zusammenarbeit klare Grenzen setzen. Vermutlich ist die private Lage bei Mayers nicht optimal und sie suchen ein Ventil, durch das sie ihren Unmut ablassen können. Ich empfehle Oliver eine Strategie, die ihm Status verleiht, aber dennoch wertschätzend ist. Das bedeutet, verärgerte oder übellaunige Kunden im ersten Schritt anzunehmen und ihr Verhalten sichtbar zu machen. Auch wenn sie uns nicht verraten, was sie in ihren üblen Gemütszustand gebracht hat, sprechen wir diesen doch direkt an: »Ich sehe, dass Sie sich ärgern.« In den vorigen Kapiteln haben wir schon erkannt, dass es gerade bei launischen oder grantigen Menschen enorm hilft, ihr Verhalten klar anzusprechen und sichtbar zu machen. Viele operieren mit diesem Verhalten gerne im verdeckten Bereich und können so ihre Umgebung immer schön auf Trab halten. Oliver muss den Mayers nicht recht geben, aber er zeigt damit, dass er ihren Ärger registriert hat. Nun kann er eine Erklärung aus seiner Sicht abgeben, ohne dass diese automatisch zur Rechtfertigung wird. »Wir planen unsere Arbeitskräfte immer optimal für alle laufenden Baustellen ein, sodass wir die Zeitpläne einhalten. Das ist auch hier der Fall.« Oliver bietet den Mayers damit wenig Angriffsfläche, sollten sie dennoch weiternörgeln, braucht er nicht mehr darauf einzusteigen.

Für jene unter uns, die täglich im Kundenkontakt stehen und mit unterschiedlichen Stimmungen konfrontiert sind, ist es wichtig, dass sie auf ihr eigenes Wohl und ihre Würde achten. Wer sich über Jahre hinweg zugunsten seiner Kunden verbiegt und sich über die Maßen Anschuldigungen, Vorwürfe oder Launen gefallen lässt, wird irgendwann merkbare Spuren davontragen. Diese

Spuren reichen von Sarkasmus über eine negative Grundeinstellung bis hin zum Rückzug aus der Gesellschaft. Ich habe im Laufe der Zeit schon viele Menschen kennengelernt, die tief frustriert sind über ihr Leben, ihre Arbeit, die Politik und die Gesellschaft. Das mündet dann meist in Sätzen wie: »Die Leute sind ja so blöd!« oder »Die Kunden sind alle dämlich!«. Wer so weit gekommen ist, für den wird es schwer, aus dieser Negativspirale wieder auszusteigen. Eine solche Person schafft es deshalb nur schwer aus ihrer aktuellen nicht zufriedenstellenden Situation heraus, weil sie sich durch Pauschalverurteilungen wie »die da oben« oder »alle Kunden« selbst zum Opfer stilisiert. Und ist man einmal fest in der Opferhaltung etabliert, dann funktioniert nur mehr jammern und zetern, denn im Tun ist diese Person bereits gelähmt. Lassen Sie es daher gar nicht erst so weit kommen. Sie haben die Macht, zu entscheiden, wie Sie reagieren und in welcher Form Sie Kritik an sich heranlassen. Betrachten Sie die Person und ihr Verhalten, machen Sie dieses Verhalten sichtbar, indem Sie es ansprechen, und reagieren Sie nach Ihrem Ermessen.

Wenn wirklich etwas passiert ist: nicht herausreden

Ein anderer Fall ist es, wenn tatsächlich ein Fauxpas passiert ist und Ihr Gegenüber zu Recht verstimmt ist. Haben Sie den Hochzeitstag vergessen oder hat Ihr Kunde das falsche Produkt erhalten, so müssen Sie dafür einstehen. Es hilft dann nichts, einfach nur sichtbar zu machen, dass der andere verärgert oder verstimmt ist. Vielmehr gilt es, echtes Verständnis zu zeigen. Damit fällt Ihnen kein Zacken aus der Krone. Im Gegenteil, wenn ein Verschulden vorliegt, wird es meist nur schlimmer, wenn Sie beschwichtigen oder versuchen, sich herauszureden. Gestehen Sie den Fehler ein, richten Sie den Fokus aber sofort in Richtung Lösung. »Ich verstehe, dass Sie verärgert sind. Es ist tatsächlich der grüne Mantel statt des blauen zugestellt worden, das tut mir leid. Ich kümmere mich umgehend um eine Neuzustellung, einverstanden?« Hier geht es um professionelle Einwandbehandlung, wie es Unternehmen mit großen Callcentern strukturiert umsetzen.

So berichtet Julia, Customer Service Managerin bei einem führenden Paket-Zustellungsunternehmen, über die Vorgehensweise im Callcenter:
»Bei uns werden die Mitarbeiterinnen und Mitarbeiter im Callcenter vom ersten Tag an auch auf schwierige Situationen geschult. Sie erhalten einen Leitfaden, wie wir als Unternehmen mit Reklamationen umgehen. Am Anfang ist sogar ein Coach in das Telefongespräch eingewählt und unterstützt bei Bedarf, damit das Gespräch zufriedenstellend für beide Seiten verläuft. Die Regel ist immer: annehmen, Verständnis zeigen, entschuldigen, sofort zur Lösung gehen. Denn manche Anrufer verlaufen sich sonst in ausufernden Tiraden, das würde viel zu viel Zeit kosten. Und Zeit ist in der Logistik alles – so läuft bei uns für alle sichtbar auf einem großen Bildschirm der aktuelle Servicelevel mit und zeigt, wie viele Gespräche wir in einem bestimmten Zeitraum durchführen können.«

Was für die professionellen Callcenter Agents ganz normal ist, kann für weniger trainierte Personen zu einem ausgewachsenen Problem werden. Immer wieder klagen Menschen mir gegenüber in Coachinggesprächen, dass sie kurz davorstehen, aufgrund einer andauernden kritischen Situation das Handtuch zu werfen. Diese kritische Situation ist bei vielen das stetige Hereinprasseln von Problemen – und zwar in Form von Vorwürfen. Hier hilft nur der rasche Weg zur Lösung, um vom Problem – das ohnehin bereits passiert und nicht mehr zu ändern ist – wegzukommen (»Wie können wir künftig gemeinsam eine für Sie passende Frist festlegen?«).

Wenn es also darum geht, die Lage zu bestimmen, um einen Konter richtig anzulegen, betrachten Sie zuerst Ihr Gegenüber. Nehmen Sie den Unmut auf, machen Sie ihn sichtbar. Liegt tatsächlich ein Fehler vor, so gestehen Sie diesen ruhig ein. Damit zeigen Sie menschliche Größe und Wertschätzung. Versucht jedoch eine Person durch laufende Beschwerden die Verantwortung für eine Lösung auf Sie zu übertragen, beziehen Sie diese Person in die Lösung ein. Es gibt Menschen, die grundsätzlich problemfokussiert sind, diese Spezies haben wir ja bereits kennengelernt. Wir erkennen sie meist schon an ihrer Problemsprache, die von Wörtern wie »immer«, »nie«, »sowieso« oder

»überhaupt« gespickt ist und gerne einzelne Ereignisse zu pauschalen negativen Zuständen macht. »Bei euch bekommt man sowieso nichts pünktlich«, konstatieren sie zum Beispiel, oder »Nie hilfst du mir!«. Hier nehmen wir den Vorwurf auf und gehen in Richtung gemeinsame Lösung. »Ich merke, dass du dich ärgerst. Was können wir aus deiner Sicht tun, damit es nächstes Mal besser klappt?« Machen Sie es dem Problemsteller also trotz aller Wertschätzung nicht zu bequem, sondern teilen Sie sich die Verantwortung für eine zufriedenstellende Lösung.

Welche Beschwerden werden im Berufsalltag gerne und oft an Sie herangetragen?
Wie haben Sie bisher reagiert?
Was könnten Sie ab jetzt anders machen?

Das Umfeld prägt unsere Einstellung

Werden Sie die Zielscheibe einer Beschwerde oder eines Angriffes, erfassen Sie also immer erst die Person. Schließlich steht der Mensch mit seinen Befindlichkeiten an erster Stelle, und gibt es ein Problem auf der menschlichen, also auf der Beziehungsebene, so müssen Sie dieses zuerst aus dem Weg räumen. Andernfalls werden Sie auch in der Sache nicht weiterkommen. Um die Lage gesamt zu erfassen, braucht es jedoch auch die Kompetenz, eine gesamte Situation aus einer übergeordneten Perspektive zu sehen. Denn menschliches Verhalten lässt sich nie genau voraussagen, doch am ehesten noch, wenn man die zugrunde liegende Situation einbezieht. In der Psychologie wie auch in der Soziologie beschäftigt man sich seit dem 19. Jahrhundert damit, wie Verhalten einzuordnen ist oder sogar kalkulierbar wird. Der Soziologie Herbert Blumer beschreibt im Sinne des symbolischen Interaktionismus, dass Menschen unterschiedlich handeln, je nachdem, welche Bedeutung Dinge für sie haben. Diese Dinge können Gegenstände wie eine Uhr, ein Stift, ein Baum oder Geld sein, genauso aber Menschen, wie Mütter, Verkäufer oder Lehrer. Dinge können auch Institutionen wie Schule oder Regierung sein oder Zustände wie Krieg, Frieden oder Ordnung. Und auch Werte wie Pünktlichkeit, Sauberkeit, Unabhängigkeit können als Dinge betrachtet werden.

Die Bedeutung dieser Dinge entsteht aus der Interaktion mit anderen Menschen. Welche Einstellung haben Sie zum Beispiel zum Thema Geld? Sehen Sie es als etwas Positives, das Ihre Wünsche und Ziele unterstützt? Oder sehen Sie es als Negativum, das nur Neid, Missgunst und Unglück auslöst? Geprägt wurde Ihre Einstellung dazu wahrscheinlich durch Ihre Eltern, aber auch durch Ihr aktuelles Umfeld – Ihre Interaktionen mit anderen. Sind Sie nun in einer Situation, die Geld erfordert, werden Sie Ihrer durch Ihre Interaktionen geprägten Einstellung gemäß reagieren. Genauso verhält es sich, wenn etwa die Schule eine hohe Bedeutung für Sie und Ihr Umfeld hat. Sie werden versuchen, Ihre Kinder zum Lernen und zum Abschluss einer höheren Schule zu motivieren – wenn es sein muss, mit Nachdruck. Aufgrund dieser unterschiedlichen Bedeutungen, die immer aus sozialen Interaktionen entstehen, etablieren sich nicht nur Gesellschaftsschichten, sondern auch Meinungen, Bündnisse, Freund- und Feindschaften.

Warum ich Ihnen das so detailliert beschreibe? Nun, je besser wir menschliches Verhalten zuordnen können, desto leichter finden wir auch Wege, um sie mit unserem Konter zu erreichen. Achten wir also bereits im Gespräch oder in den Aussagen einer Person darauf, welche Bedeutung ein bestimmtes Thema für sie besitzt, so fällt das Argumentieren wesentlich leichter. Oft können wir schon im Vorfeld einer Besprechung oder Präsentation herausfinden, welche Bedeutung ein Thema oder verschiedene Aspekte dazu für unser Gegenüber haben. Wem der Interaktionismus zu verstaubt ist, der bleibt einfach beim zeitgemäß verwendeten Mindset. Wichtig ist das Bewusstsein, dass die Dinge, die Sie ansprechen, unterschiedliche Bedeutungen für andere haben und sowohl positiv als auch negativ belegt sein können. Alles, was Sie dazu im Vorfeld herausfinden, ist dann Ihr Vorsprung, wenn es ans Kontern geht.

Die Situation bestimmt unser Verhalten

Schließlich hat es auch Relevanz, in welcher Situation wir uns gerade befinden. Wird am Familientisch diskutiert, im Meeting oder in einem Kundengespräch? Je nachdem legen wir unterschiedliches Verhalten an den Tag.

Franz, beruflich Führungskraft in einem Versicherungsunternehmen und privat kürzlich Vater geworden, schrieb mir über den letzten Besuch bei seinen Eltern:
»Sonntags besuchen wir fast immer meine Eltern, das hat Tradition. Seit wir unsere kleine Emma haben, ist es ohnehin Pflicht, denn Oma und Opa wollen natürlich ihr Enkelkind sehen. Am Tisch in meinem Elternhaus ist die Sitzordnung immer dieselbe. Ich sitze an dem Platz, an dem ich schon als Kind gesessen habe. Mein Vater ist sehr dominant und aufbrausend, was heute grundsätzlich kein Problem mehr ist – ich kann ihm Paroli bieten. Mit einer Ausnahme: Sobald wir am Familientisch in der traditionellen Sitzordnung Platz genommen haben, verhalte ich mich wie der kleine Franzi von vor dreißig Jahren. Ich reagiere wie ein Kind auf die dominante Art meines Vaters, werde kleinlaut und fühle mich richtig feige. Es ist, als würde ich automatisch in eine alte Rolle schlüpfen, und ich kann nichts dagegen tun.«

Tatsächlich hat Franz eine Art Flashback, denn seine Sinne und seine Wahrnehmung sind an diese Situation gewöhnt – sie hat sein Verhalten über Jahre geprägt. Ich vermute, bei Ihnen könnte es ähnlich sein, wenn Sie Ihren Eltern einen Besuch abstatten. Sie sitzen vielleicht auch auf Ihrem alten Platz, dort, wo Sie schon als Kind gesessen haben. Ohne Einfluss darauf zu haben, nehmen Sie sofort Ihre alte Rolle des braven und gefügigen Kindes ein. Im Job hingegen sind Sie völlig anders und agieren mit viel mehr Power und Durchsetzungskraft. Das ist ganz normal. Wir Menschen sind nun einmal fähig, mehrere Rollen einzunehmen und uns je nach Sachlage an die jeweilige Situation anzupassen. Doch manchmal passt sich auch die Situation uns an, vor allem dann, wenn ein Zustand über längere Zeit unverändert bleibt – wie eben die Sitzordnung, die Art der Kommunikation untereinander oder der Weg zur Arbeit. Wann sind Sie das letzte Mal zur Arbeit gefahren und konnten sich nachher nicht erinnern, wie Sie dort hingekommen sind? Ihr Hirn hat das automatisch für Sie erledigt. So passiert es auch, dass Sie sonntags eigentlich woanders hinfahren wollten, Ihr Auto aber auf der Autobahn wie von Geisterhand die Abzweigung Richtung Firma nimmt.

Das Gute ist, dass mit diesem Gebaren alle im selben Boot sitzen. Das heißt, nicht nur Ihnen geht es so, sondern auch den anderen. Gewohnheiten, Werte oder die durch Interaktion geprägte Bedeutung verschiedener Dinge prägen unser Verhalten – ob wir wollen oder nicht. Im Vorteil sind jene Menschen, die sich dieser Tatsache bewusst sind! Das heißt nicht, dass sie deshalb immun sind und ihnen so etwas nicht passiert. Es heißt vielmehr, dass sie sich darauf einstellen können. In Franz Fall kann er einen anderen Sitzplatz – oder viel besser – überhaupt einen anderen Ort, zum Beispiel ein Café, wählen, wenn ein wichtiges Gespräch mit den Eltern bevorsteht. So vermeidet er es, in die alte, kindliche Rolle zurückzufallen. Ein Ortswechsel ist besonders bei Konfliktgesprächen empfehlenswert, sei es in der Familie, in der Beziehung oder im Unternehmen. Vermeiden Sie es, den Konflikt dort zu lösen, wo er entstanden ist und wo sich Verhaltensmuster über lange Zeit etabliert haben. Gehen Sie sprichwörtlich an die frische Luft, um frische Gedanken und Lösungsmöglichkeiten zu finden.

Der Psychologe Eric Berne beschreibt in seiner Transaktionsanalyse, dass jeder Mensch drei Ichs in sich vereint: das Eltern-Ich, das Erwachsenen-Ich und das Kindheits-Ich. Keine Sorge, wir sind deswegen nicht alle schizophren. Jedoch agieren wir aus diesen unterschiedlichen Ichs heraus. Was Franz beschrieben hat, war ein Agieren aus dem Kindheits-Ich, das jeder Mensch in sich trägt. Dabei verhält er sich wie der kleine Junge, der er im Alter zwischen zwei und fünf Jahren war. Sein Eltern-Ich wird Franz bald kennenlernen, denn das ist das Verhalten, das seine eigenen Eltern ihm als Kind entgegengebracht haben. Ungewollt wird er seiner kleinen Tochter gegenüber oft in diese Muster fallen, obwohl er es eigentlich anders vorgehabt hat. Die bewusste Entscheidung, das nicht zu tun oder einen anderen Ort für das Gespräch zu wählen, fällt Franz hingegen aus seinem Erwachsenen-Ich. Das ist jener Zustand, der ihm selbstständiges, bewusstes Abschätzen erlaubt und ihm die Möglichkeit gibt, objektiv zu entscheiden.

Im Konfliktverhalten können wir wahrnehmen, aus welchem Ich heraus wir selbst und der andere agieren. Fragt etwa der Ehemann seine Frau: »Weißt du nicht, wo meine Sonnenbrille ist?«, und antwortet diese daraufhin: »Warum gibst du immer mir die Schuld, wenn du etwas nicht findest?«, so agieren beide aus unterschiedlichen Ichs. Die Art der Fragestellung des Ehemanns war aus dem Eltern-Ich und von oben herab (erkennbar an dem Wörtchen »nicht«). Die Antwort der Frau war aus dem rebellischen, sofort angegriffenen Kindheits-Ich. Wer in beruflichen oder privaten Beziehungen immer in die gleichen Streitmuster verfällt, sollte sich mit den drei Ichs genauer auseinandersetzen. Denn hätte der Mann gefragt: »Weißt du, wo meine Sonnenbrille ist?«, so hätte die Frau wahrscheinlich gesagt: »Ich habe sie zuletzt im Auto gesehen.« Und würde die Frau über ihr Verhalten aus dem Kindheits-Ich Bescheid wissen, hätte Sie selbst bei der kritischen Fragestellung nicht gleich voller Emotion gekontert.

Modelle wie die drei Ichs aus der Transaktionsanalyse helfen uns, Verhalten einzuschätzen und eine Reaktion zu wählen. Sie bewahren uns davor, unfreiwillig in alte Muster zu verfallen und damit die Situation noch schlimmer zu machen. Durchschauen wir also das Verhalten des anderen und spüren, welche Reaktion uns jetzt unter den Nägeln brennt. So wie mein Seminarteilnehmer zu Beginn dieses Kapitels, den es ob der mehrfachen unberechtigten Vorwürfe seines Klienten gehörig in der Faust juckt. Lassen wir doch unser Erwachsenen-Ich zum Zug kommen, schätzen wir die Lage objektiv ein und genießen wir die Macht, eine Wahl zu haben.

**Welche Sätze lösen bei Ihnen sofort starke Emotionen aus?
Was antworten Sie Ihrem Partner, wenn Sie einen Vorwurf in seiner Aussage wittern?**

Achtung: Status-Spiele! Die Beziehung erfassen

Um die Lage vollends zu erfassen, müssen wir nach der Person und der Situation nun noch die Beziehung zwischen den Beteiligten berücksichtigen. Kontern ist dann einfach, wenn sich die andere Person auf Augenhöhe befindet, also zum Beispiel in der gleichen hierarchischen Stufe tätig ist. Schwieriger wird es, wenn der Angriff aus einer höheren Ebene kommt. Wir haben früher im Buch schon Sebastian und seine angriffslustige Lehrerin kennengelernt – hier braucht es Fingerspitzengefühl, denn die Lehrerin sitzt, wie man so schön sagt, am längeren Hebel. Überschreitet der Schüler eine gewisse Grenze, indem er unkontrolliert zurückschlägt, macht ihm die Lehrerin womöglich sein weiteres Schülerleben schwer. Legt er es geschickt an, kann er das Problem einfacher aus dem Weg räumen. Dasselbe gilt, wenn der Angriff im Unternehmen von einer höhergestellten Person kommt. So ging es Tina, die bei einer großen Unternehmensberatung für die Fortbildungen zuständig ist.

Hätte ich doch nur!

Seit mehr als fünf Jahren ist Tina bei einer renommierten Unternehmensberatung tätig. Sie kennt die Hierarchien und klar definierten Karrierepfade, die hier jeder durchlaufen muss. Vom Assistant zum Junior Advisor, weiter zum Senior Advisor, dann zum Junior und Senior Manager, zum Director und – wer es so weit schafft – hat schließlich die verlockende Aussicht, als Partner in die Geschäftsleitung einzusteigen. Täglich erlebt Tina die heftigen Kämpfe und den oft verbissenen Ehrgeiz junger Talente, die durch diese elitäre, aber harte Schule gehen. Tina zählt als Mitarbeiterin der Personalentwicklung zum administrativen Personal und ist somit nicht Teil dieses anstrengenden Karrierepfades. Schon beim Einstieg ins Unternehmen sagte man ihr, sie sei nur Administration, was spürbare Nachteile beim Gehalt, bei Bonuszahlungen, Firmentelefonen und anderen Annehmlichkeiten mit sich zog. Dafür hätte sie jedoch den Stress nicht, ständig verrechenbare Projektstunden bekommen zu müssen, so sagte man ihr. Tina wollte diesen Job damals unbedingt haben und war sicher, sie würde Anerkennung finden, wenn sie nur professionell und fleißig genug arbeite. So schlimm würde der Unterschied zwischen Administration und Fachbereich schon nicht sein. Was für eine eklatante Fehlannahme! Von Beginn an ließen sie einige

Kollegen aus dem Fachbereich spüren, dass sie in deren Augen einen minderen Stellenwert hatte. Tina entschied sich, dennoch durchzuhalten. Der Großteil der Menschen im Unternehmen ist kollegial und freundlich, und innerhalb ihrer Abteilung herrscht durchweg ein positives Betriebsklima.

Eines Tages kommt Petra Müller, Senior Managerin aus dem Fachbereich, in Tinas Büro. Tina nimmt sofort Petras pseudoaufgesetzte Miene und das erhobene Kinn wahr. Sie spürt schon, dass es nun wohl Schwierigkeiten geben wird. Mit arrogantem Befehlston beantragt die Managerin eine höchst kostenintensive Schulungsmaßnahme für ihre Mitarbeiter. Tina erklärt ihr das übliche Prozedere und merkt an, dass sie dafür eine Sondergenehmigung benötige, da diese Schulungsmaßnahme erst ab der nächsten Karrierestufe vorgesehen sei. Die Managerin zeigt sich übertrieben entrüstet: »Sie wollen also hier die Chefin spielen?«, fährt sie Tina mit schneidender Stimme von oben herab an. Tina bleibt die Luft weg. Sie spürt, wie ihre Wangen sich knallrot färben. Auf keinen Fall will sie hier eine Szene veranstalten. Sie hat das Gefühl, mit dem Rücken zur Wand zu stehen und dem Angriff der Managerin hilflos ausgeliefert zu sein. Schnell versucht sie, zu beschwichtigen: »Nein, nein, natürlich nicht! Aber es ist nun einmal so, dass …«, stottert sie hilflos. Petra Müller unterbricht sie barsch: »Dann kümmern Sie sich um die Anträge und teilen Sie mir mit, was Sie sonst noch brauchen.« Ohne Tinas Antwort abzuwarten, macht sie auf dem Absatz kehrt und stolziert aus dem Büro.

Tina bleibt entrüstet und mit glühenden Wangen zurück. Sie fühlt sich wie ein geprügelter Hund. Wie konnte es dieser arroganten Schnepfe nur gelingen, sie so kleinzumachen? Tina war noch dazu im Recht! Tinas Einstellung zu ihrem Job ändert sich an diesem Tag drastisch und für immer. Trotzdem geht ihr ständig dieser Gedanke durch den Kopf: Hätte sie doch nur selbstbewusst gekontert, statt sich so zahnlos zu rechtfertigen!

Angriffe von oben herab sind besonders schwierig zu parieren. Oft gehen sie mit einem Kleinmachen einher, das schon über längere Zeit einwirkt. Gibt man zum Beispiel einer bestimmten Abteilung oder einem gewissen Bereich einen niedrigeren Status im Unternehmen, so sind die Menschen, die dort arbeiten, angreifbarer. Das ist auch nur sehr schwer zu verhindern. Denn wenn man über längere Zeit kleingehalten wird, beginnt das zu wirken und trotz allen Entgegenhaltens fühlt man sich irgendwann tatsächlich kleiner. Ich erlebe in vielen Unternehmen leider nach wie vor häufig einen Statusunterschied zwischen Abteilungen oder zwischen Arbeitern und Angestellten. Da spricht man schon einmal von den Hacklern in der Produktion und von den kleinen Zustellern da draußen. Der respektvolle Umgang ist ein Aspekt der Unternehmenskultur, und diese wird von der Geschäftsleitung vorgelebt. In Tinas Fall hätte sie sich bereits während ihrer ersten Arbeitstage in dem Beratungsunternehmen die Frage stellen sollen, ob sie in dieser sehr speziellen Kultur überhaupt bleiben möchte. Ich bin überzeugt, sie wird künftig die Lage vorab genau sondieren, wenn sie in ein anderes Unternehmen wechselt. Doch in der aktuellen Situation ist es für sie nur schwer möglich, noch Status zu gewinnen. Der Angriff der Managerin hat sie eiskalt erwischt, es war eine klassische Breitseite. Hinzu kommt in diesem Fall der große Statusunterschied zwischen Administration und Fachbereich, der durch die gelebte Unternehmenskultur etabliert wurde. Rechtfertigung scheint Tina die beste Möglichkeit – ist sie aber keinesfalls. Denn sie gießt noch einmal Wasser auf die Mühlen der arroganten Managerin und bestärkt sie in ihrem Verhalten. Das erkennen wir an dem herrischen Kommando, dem abrupten Abgang und der totalen und höchst unhöflichen Ignoranz gegenüber Tinas Antwort. Bei diesem Angriff hätte Tina zumindest ihre eigene Würde gewahrt, wenn sie entweder rückgefragt (»Wie kommen Sie darauf?«) oder besonders kurz und knapp reagiert hätte (»Im Gegenteil.«). Mit diesen Kontern hätte Tina der Gegnerin Angriffsfläche genommen und demonstriert, dass sie das arrogante Gehabe unbeeindruckt lässt.

Wie gelingt es nun, aus einem derartig eingefahrenen Statusunterschied heraus Angriffe doch noch parieren zu können? Wie meist gilt auch hier: nur mit Lageerfassung! Tina ist voll und ganz bewusst, dass in ihrem Unternehmen eine Zweiklassen-Gesellschaft existiert. Das bedeutet, sie muss jederzeit auf Angriffe gefasst sein. Betrachten wir wieder die Aspekte Person (Petra Müller, die Managerin, die bereits mit einer Grundarroganz das Büro betritt), Situation (die Managerin will etwas, das Tina freigeben muss, und macht daher Druck) sowie Beziehung (gelebter Statusunterschied im Unternehmen), dann erkennen wir rasch, dass die Lage reichlich Entschlossenheit und eine sachlich-knappe Reaktion erfordert.

Eine weitere brisante Konstellation auf der Beziehungsebene sind Paarbeziehungen, in denen beide Partner wissen, dass diese nicht von heute auf morgen aufgelöst werden können. Man verspricht sich ewige Treue, es sind Verbindlichkeiten wie Kreditschulden aus dem Hausbau oder gemeinsame Kinder im Spiel. So ist jedem der beiden Partner bewusst: Ich kann mir einiges erlauben und werde dennoch den anderen nicht gleich verlieren. Welche Auswüchse diese vermeintliche Gewissheit haben kann, kennen auch Sie vermutlich aus Ihrem Umfeld. Manche Paare pflegen einen Umgangston, der eher an Kriegsführung erinnert als an eine partnerschaftliche Beziehung. Andere schwanken zwischen Anklage (»Er rührt keinen Finger im Haushalt!«) und Pauschalurteil (»Das ist wieder mal so typisch!«). Warum akzeptieren dennoch Paare oft über Jahrzehnte diesen Umgang und ändern nichts daran, obwohl sie so offensichtlich nicht glücklich sind? Ich denke, diese Paare wachsen sukzessive in diese Situation hinein. Das Verhalten entwickelt sich mit den Jahren, die die Partnerschaft schon zählt, unbewusste Muster aus der Beziehung zwischen den eigenen Eltern werden übernommen. Und es gibt kein Korrektiv – außer es existieren beherzte Freunde, die das Paar vielleicht einmal auf diesen desaströsen Umgang miteinander ansprechen. Ohne Korrektiv aber kann sich jeder austoben und seine Launen ausleben, und irgendwann hat man sich eben daran gewöhnt.

Genau wie in Tinas Fall wird es mit der Zeit immer schwieriger, aus diesen etablierten Mustern auszubrechen. Denn es bedarf dazu einer sehr klaren und bewussten Entscheidung. Die Gefahr ist in solchen Fällen dann sowohl in Unternehmen als auch in Paarbeziehungen sehr hoch, dass irgendwann Resignation eintritt und man seinen Status akzeptiert. Weil es höchst unbequem ist, Dinge radikal zu verändern – da ist es doch viel einfacher, das Gewohnte beizubehalten, obwohl es schmerzhaft ist. Erst wenn äußerst grobe, nicht mehr ertragbare Übergriffe stattfinden und der Schmerz größer wird als die Angst, den Status quo zu ändern, findet sich dann oft einer der Partner bereit, dieses Beziehungsdesaster zu beenden.

Welche unausgewogenen Beziehungen kennen Sie in Ihrem Umfeld? Wo sind die Schwachpunkte in Ihren Beziehungen, beruflich und privat?

Konsequent, aber mit Würde: Achten Sie auf sich!

Nachdem wir nun eingehend die bei Angriffen möglichen Konstellationen erfasst haben, bleibt noch die zutiefst menschliche Komponente: Auch wenn eine Kritik sachlich gemeint war, trifft sie uns oft persönlich. Während unser Gegenüber sein Argument ganz unterschiedlich meinen und betonen kann, so können wir es auch ganz unterschiedlich aufnehmen. Dabei spielt es eine große Rolle, wie unsere Einstellung zu einem bestimmten Thema ist, aber auch, welche Erlebnisse wir zuvor in diesem Kontext bereits gehabt haben. Manchmal haben wir einen schlechten Tag, dann neigen wir eher zu Emotionen als an jenen, an denen alles wie am Schnürchen läuft. Oft ist es die innere Einstellung, die wir verändern können. Wenn der Stresslevel hoch ist und wir schon den ganzen Tag unter Druck stehen, verfallen wir innerlich leicht in eine Opferrolle und beginnen, uns selbst zu bemitleiden. Auch bei hoher mentaler Stärke ist niemand davor gefeit.

Glauben Sie mir, ich weiß, wovon ich spreche. Oder haben Sie nach einem langen, anstrengenden Arbeitstag schon einmal einen übel gelaunten Teenager vom Bahnhof abgeholt, der sich noch über Ihre leichte Verspätung beklagt? Der Krach ist in diesem Fall bereits programmiert. Denn hier geht es nicht um die Frage, wer Schuld oder Recht hat, sondern rein um persönliche Befindlichkeiten. Jeder braucht ein Ventil, um seinen Druck abzulassen. Im Nachhinein tun mir solche Situationen leid, denn die Fahrt nach Hause hätte ganz anders verlaufen können. Mein Vater hat mich gelehrt: »Zum Streiten gehören immer zwei.« Darüber habe ich mich als Kind maßlos aufgeregt, denn ich wollte recht bekommen, wenn meine Schwester und ich uns wieder einmal in die Haare geraten waren. Oft ist es ja wirklich der andere, der einen Streit provozieren möchte. Und so fühlte sich jede von uns im Recht. Heute weiß ich: In den meisten Fällen lässt sich Streit vermeiden, wenn der Konter richtig angelegt ist. Zumindest kann ich mich emotional distanzieren, wenn mir nicht nach einem Streit ist. Das geht natürlich als Kind nicht, in dieser Phase müssen wir uns erst einmal die Hörner abstoßen und erkennen, dass irgendwann Schluss sein muss, wenn die Dinge schon zu schlimm eskaliert sind. Die meisten von uns haben im Laufe der Zeit gelernt: Auch Streit bedingt eine Kultur. Im Streit finden wir oft wichtige Erkenntnisse, und jeder Streit verrät enorm viel über die Personen, die Situation und die Beziehung zwischen den Streitenden und den restlichen Beteiligten. Doch es ist immer unsere Entscheidung, ob wir unter die Gürtellinie gehen, ätzend sarkastisch oder tief verletzend werden.

Sind wir also fähig, die Lage rasch zu erfassen, stehen wir vor der Wahl und können diese mit allen Sinnen treffen. Daher empfehle ich Ihnen, werte Leserinnen und Leser: Nehmen Sie sich immer diese Zeit zur Einschätzung der Lage. Beginnen Sie doch einfach zu Hause, indem Sie alltägliche Situationen bewerten: Wer übernimmt welche Aufgaben, wo kommt es immer wieder zu Diskussionen, wie reagieren Sie in diesem Spiel?

Bei allem Vermeiden einer Überreaktion: Wo Schärfe angebracht ist, wenden Sie sie auch an. Nicht immer ist eine Rückfrage oder ein sachlicher Konter möglich. Bei groben An- oder Übergriffen ist die Lage sofort zur Sprache zu bringen und sichtbar zu machen. Lassen Sie es sich nicht gefallen, dass eine Person an Ihrer Würde sägt – schließlich tun Sie das auch nicht. Sie wenden im ersten Konter eine würdevolle Strategie an, die dem anderen noch die Möglichkeit lässt, sich zu entschuldigen oder sich ohne Gesichtsverlust aus der Affäre zu ziehen. Erst dann werden die Bandagen, die Sie anlegen, härter.

Tatsache ist, dass ein Einstecken, ein Sich-gefallen-Lassen über einen längeren Zeitraum mit Sicherheit rasch zur Gewohnheit wird. Viele Menschen akzeptieren einen vollkommen würdelosen Umgang mit ihrer Person, obwohl sie eigentlich ein wertgeschätzter Teil eines Teams sein sollten. Es tritt dann oft eine gewisse Betriebsblindheit oder Resignation ein: »Mein Chef ändert sich sowieso nicht mehr. Und in fünf Jahren gehe ich ohnehin in Rente.« Diesen oder ähnliche Sätze habe ich so oft gehört, und mir tun diese Personen von Herzen leid. Denn jeder hat nur dieses eine Leben, warum also wertvolle Zeit unglücklich vergeuden? Wählen wir die richtige Reaktion, legen wir alte Rollen ab und wagen wir Neues!

Verfallen Sie nicht im Affekt in alte Konter-Muster. Erfassen Sie bei einem Angriff zuerst:

- **Womit hat diese Person ein Problem?**
- **Wie kann ich sie sofort in die Lösung einbinden?**
- **Wo sind die nonverbalen Zeichen versteckt?**
- **Welche Reaktion ist angebracht?**
- **Reagieren Sie sachlich oder decken Sie den Angriff auf?**

Für eine Lageerfassung ist immer ausreichend Zeit vorhanden. Sie müssen sich diese Zeit nur zugestehen. Denken Sie in Ruhe nach, bevor Sie kontern, damit geben Sie Ihrer Antwort auch die entsprechende Wirkung.

3.3 Was beabsichtigt der andere – gegnerische Interessen durchschauen

Ein intensiver Seminartag in einem großen Konzern. Menschen aus den verschiedensten Geschäftsfeldern des Unternehmens hatten sich angemeldet, um ihre Rhetorik zu verbessern. Wie immer begrüßte ich am Morgen alle Teilnehmenden persönlich. Die Stimmung war von Anfang an gut. Wir plauderten kurz bei einem Begrüßungskaffee, dann nahmen die Teilnehmer im Meetingraum Platz, und ich startete motiviert und bestens gelaunt mein Eröffnungsplädoyer. Schnell bemerkte ich zufrieden, dass die Teilnehmer vollständig präsent und motiviert waren und sich augenscheinlich auf den gemeinsamen Tag freuten. So verging die erste Stunde in der üblichen Mischung aus Wissensvermittlung und Interaktion, alles lief wie am Schnürchen. Als wir aus der ersten Kaffeepause in den Saal zurückkehrten, begann sich die Energie im Raum jedoch zu verändern. Denn plötzlich hatte ich einen Feind im Teilnehmerkreis! Ein Mann mittleren Alters, der am Morgen noch völlig unauffällig bei allem mitgemacht hatte, begann, meine Inhalte heftig zu kritisieren. Feindselig warf er permanent Kommentare ein: »Was soll das mit unserer Arbeit zu tun haben?«, zischte er, oder: »Wenn man das ordentlich erklären würde, würden sich alle auskennen!«. Ich parierte seine Angriffe, blieb freundlich und fragte ihn nach einiger Zeit, ob er denn ein übergeordnetes Problem habe. »Habe ich. Ich bin nicht freiwillig hier, mein Chef hat mich gezwungen!«, schnarrte er mit hochrotem Kopf. Ich bot ihm an, das Seminar jederzeit verlassen zu können. Aus meiner Sicht ist es höchst unverantwortlich, Mitarbeiter zu einem Seminar zu zwingen, denn das hat immer negative Auswirkungen auf die ganze Gruppe. Er ging auf mein Angebot nicht ein, verhielt sich fortan aber unauffällig. Ich überlegte den ganzen Vormittag, warum sich dieser Teilnehmer von einer Sekunde auf die andere so sehr verändert hatte und mich offen anfeindete. Wäre es wirklich nur seine unfreiwillige Anwesenheit, hätte er sich doch schon vor der Kaffeepause feindselig benommen.

Ein Vorwand ist
noch lange nicht
der wahre Grund.

Am Nachmittag lud ich zu einer Übung ein, bei der jeder ein selbst gewähltes Thema überzeugend präsentieren sollte. Statt eines Business-Themas präsentierte mein querulanter Teilnehmer mit reichlich Emotion und hohem Nachdruck eine missionarische Botschaft. Es stellte sich heraus, er gehörte zu einer bekannten Glaubensgemeinschaft, die Tür-zu-Tür-Mission betreibt, und übte daher gleich im Seminar seine Botschaft, mit der er jene Menschen überzeugen wollte, die ihm die Tür öffnen würden. In der Pause sprach ich den Mann interessiert darauf an, was ihn sichtlich freute. Schließlich sagte er unvermittelt: »Sie sind eigentlich ganz okay. Nur das mit der Evolution sollten Sie aus Ihrem Vortrag streichen.«

Da fiel es mir wie Schuppen von den Augen: Das von mir kurz vor der Pause verwendete Wort »Evolution« hatte die Werte und den Glauben (alles Leben wurde von Gott erschaffen) dieses Mannes derart kompromittiert, dass er bereits um zehn Uhr entschieden hatte, meine verbale Übeltat zu rächen. Weil er aber nicht vor allen Teilnehmenden erwähnen wollte, dass die wissenschaftlichen Erkenntnisse über die Entstehung der Erde und des Lebens für ihn ketzerische Theorie darstellen, schob er auf meine Nachfrage kurzerhand die gezwungene Teilnahme am Seminar als Grund für sein negatives Verhalten vor. Dieses Erlebnis brachte mich zum Nachdenken. Es war klar, ich würde in meinen Vorträgen auch künftig nicht jedes Wort auf die Waagschale legen können. Dass ich ethische Grundwerte nicht angreife, war schon immer meine Prämisse. Doch für meine Recherchen stütze ich mich auf Ergebnisse wissenschaftlicher Forschung – auch dann, wenn diese manchen Menschen nicht angenehm sind. In diesem Fall handelte es sich noch dazu um ein doch weitestgehend anerkanntes Thema, das meines Wissens nur von sehr religiösen Gruppen abgelehnt wird.

Was können wir also tun, wenn uns jemand kritisiert oder sogar anfeindet, obwohl wir keinen offensichtlichen Grund für die Animositäten erkennen können? Wenn wir uns fragen: »Warum zur H… (verzeihen Sie, dieses Wort ist hier natürlich auch nicht angebracht) sagt er das jetzt?«, reagieren wir dann natürlich im ersten Schritt entsprechend und parieren den Angriff.

Doch setzt sich das Verhalten weiter fort, müssen wir uns auf die Suche nach den Interessen unseres Gegenübers begeben, um das Problem aus dem Weg räumen zu können.

Erkennen wir, dass sich eine Person gegen uns wendet, so heißt es, speziell aufmerksam zu sein. Denn jeder Mensch hat unterschiedliche Interessen, mit denen er einen Angriff vor sich selbst rechtfertigt. Das ist auch genau der Grund, weshalb sich die meisten Menschen selbst als rational, objektiv, tolerant und gesprächsbereit einschätzen. Machen Sie doch bitte die Probe aufs Exempel und fragen Sie in Ihrem Freundeskreis einmal, wer sich selbst als voreingenommen und intolerant einstufen würde. Sie werden fast ausschließlich Kopfschütteln und Staunen ernten, wie Sie überhaupt auf diese Frage kommen. »Voreingenommen? Ich doch nicht! Intolerant? Jetzt hör mir aber auf. Ich bin immer offen für andere Meinungen und Lebensweisen!«

Mich erinnert diese Selbsteinschätzung an die Geschichte von dem Geisterfahrer, der im Radio die Warnung hört: »Achtung, Achtung! Auf der A1 kommt Ihnen ein Geisterfahrer entgegen!« Verständnislos schüttelt der Geisterfahrer den Kopf: »Was heißt hier einer? Hunderte!« Diese Selbsteinschätzung führt zu einem großen blinden Fleck, wenn es um Kritik an anderen geht: Der Kritiker fühlt sich vollkommen im Recht. Aus einem – vorerst nur ihm selbst bekannten Grund – will er dieses Recht nun durchsetzen. Durchschauen wir jedoch als Gegner diesen Grund, können wir einen gezielten Konter anlegen. Das ist vor allem dann angebracht, wenn sich die Angriffe fortsetzen. Die einfachste Möglichkeit ist es dabei immer, den Angreifer direkt zu fragen, welches Problem für ihn vorliegt. Doch dieses Vorgehen ist noch lange kein Garant, dass er das wahre Problem auch tatsächlich zugibt. Wie in dem Fall meines Seminarteilnehmers ist es dem Angreifer oft schlichtweg unangenehm oder peinlich, über den wahren Grund seines Verhaltens zu sprechen. Oder er will es gar nicht, weil er Sie dann ja nicht mehr weiter angreifen kann. Daher müssen Sie selbst versuchen, seine Interessen zu durchschauen. Lassen Sie uns dafür jetzt gemeinsam in die Welt der unterschiedlichen Interessen eintauchen und unsere Gegner damit besser einschätzen lernen.

Achtung, der Inquisitor kommt!

Kennen Sie Menschen, die bei allem, was Sie tun, was Sie sich anschaffen oder entscheiden, neugierig nachfragen? Bei denen Sie das Gefühl haben, sie durchbohrten Sie mit ihren zum Teil viel zu persönlichen Fragen? Unbewusst machen Sie schon einen Bogen um diese Zeitgenossen, weil Sie die Fragen eigentlich nicht beantworten wollen.

Mein Kunde Heinz beschreibt es so:
»Ich wohne in einer wirklich netten Reihenhaussiedlung. Vor drei Jahren wurden die Häuser errichtet, und wir Nachbarn saßen alle im gleichen Boot: Die Baustelle noch nicht ganz fertig, jeder werkte an seinem Wohntraum, gestaltete den Garten. Damals haben wir Erfahrungen ausgetauscht, wo bekommt man etwas günstiger, wer kennt einen guten Tischler und so weiter. Mit der Zeit wurde das natürlich weniger, alles war fertig, und wir zogen ein. Doch ein Nachbar macht das immer noch. Jedes Mal, wenn er mich beim Heimwerken sieht, stellt er bohrende Fragen: ›Wo hast du das gekauft? Was hat das gekostet? Warum hast du dir das nicht geborgt?‹ Dann erklärt er mir mit belehrendem Unterton: ›Also ich habe das beim Baumarkt XY günstiger gesehen!‹ oder ›Du weißt aber schon, dass der Andi auch gerade nach einem neuen Rasenmäher sucht – vielleicht könnt ihr euch ja zusammentun?‹. Ich habe mich schon dabei ertappt, dass ich mich verstecke, wenn ich diesen Nachbarn sehe, um seiner hochnotpeinlichen Befragung zu entgehen. Was bezweckt er damit?«

Menschen wie Heinz' Nachbar gehören einer ganz besonderen Spezies an: Sie fühlen sich besser, wenn sie mehr als andere wissen oder einen besseren Deal gemacht haben. Deshalb ist es ihr Interesse, sich selbst immer und immer wieder zu bestätigen. Sie fragen ihrem Umfeld Löcher in den Bauch, um möglichst viele Details herauszufinden, die sie für ihre Bestätigung nutzen können. Allein das Wissen, ein Produkt günstiger als ein anderer erworben zu haben, verleiht ihnen Flügel. Doch der Höhenflug ist erst dann so richtig perfekt, wenn sie diese Tatsache dem anderen großspurig mitgeteilt haben. Dieser Typus braucht ständige Selbstbestätigung, vor allem dann, wenn es um Wissen rund um Vorteile geht. Er sieht sich als großen Netzwerker, der gönnerhaft auch andere an seinem Wissen teilhaben lässt – natürlich nur zu dem Zweck, selbst zu glänzen und dem anderen ein klein wenig das Gefühl zu geben, er hätte sich ja vorher den Rat des selbst ernannten Experten einholen können. Egal, was Sie ihm erzählen, er weiß es besser oder kennt jemanden, der Ihnen hätte helfen können. Ja genau: hätte helfen können. Denn der Experte tischt Ihnen sein ungefragtes Wissen am liebsten im Nachhinein auf. Leider gehen ihm immer mehr Menschen aus dem Weg, weil sie liebend gerne auf seine Expertise verzichten. Das stört ihn natürlich, und er sucht noch mehr Selbstbestätigung. Was also tun, wenn so ein Typus Sie wieder einmal erwischt? Zeigen Sie sich auch gönnerhaft und loben Sie ihn für sein großes Wissen. Geben Sie jedoch keine konkreten Preisauskünfte mehr, wenn Sie künftig Ruhe haben möchten. Bleiben Sie bewusst schwammig: »Hat sich im Rahmen gehalten.« So zeigen Sie Wertschätzung, signalisieren jedoch, dass Sie nicht mehr für derartige Auskünfte zur Verfügung stehen. Geben Sie generell keine Informationen weiter, wenn Sie das nicht wollen – denn das kommt schon einer Rechtfertigung gleich. Das ist zu Beginn keine leichte Übung, schließlich will man die gute Beziehung nicht aufs Spiel setzen. Doch um ehrlich zu sein, ist die Beziehung mit Sicherheit sowieso nicht mehr gut, wenn Sie jedes Mal hektisch im Gebüsch verschwinden, wenn der Nachbar auftaucht, oder Sie irgendwann einmal explodieren, weil Ihnen diese Inquisition derart auf die Nerven geht.

Dabei handelt es sich bis jetzt nur um den vergleichsweise harmlosen Besserwisser. Viel schwieriger noch sind Menschen, die ihr Wissen aus diversen indiskreten Befragungen einsetzen, um Gerüchte zu streuen oder böses Blut im Netzwerk zu schaffen. »Das Gerät hat der Andi viel günstiger gekauft. Hat er dich gar nicht gefragt, ob er dir eines mitbestellen soll? Nein? Ach so, na ja, von mir weißt du es nicht.« In diesem Fall dürfen Sie ruhig härtere Bandagen anlegen. Grenzen Sie sich von diesem bösen Spiel ab, bevor Sie wie eine Figur darin herumgeschoben werden: »Schön, dass du dir Gedanken darüber machst. Lass mich aber bitte künftig bei diesen Informationen außen vor, ich will das tatsächlich nicht wissen.« So sprechen Sie für sich, weisen jedoch dem anderen seinen Platz zu. Und dieser Platz befindet sich definitiv nicht in der Einfahrt zu Ihrem Haus und besteht auch eindeutig nicht aus Klatsch und Tratsch beim Heimkommen.

Diese Methode funktioniert bei Gerüchten aller Art, auch im Unternehmen. Vor vielen Jahren hatte ich eine Kollegin, die ihre giftigen Einwürfe stets mit der Einleitung: »Es steht im Raum, dass ...« begann. Dann folgte stets ein saftiges Gerücht oder etwas, das sie selbst in einem günstigeren Licht erscheinen ließ: »... deine Mitarbeiter sehr ausgedehnte Kaffeepausen machen.« Damals habe ich mir glühend gewünscht, eine passende Kontertechnik parat zu haben, denn meist rechtfertigten sich die betroffenen Personen sofort. Auch ich. Irgendwann reichte es mir, und der Konter kam eines Tages ganz von selbst. Als sie wieder einmal inbrünstig anhob: »Es steht im Raum, dass ...«, ließ ich sie erst gar nicht weiterreden. »Dann lassen wir es einfach dort stehen!«, beendete ich pointiert ihre Aussage. Die Kollegin war derart perplex, dass sie tatsächlich verstummte und wie ein Fisch auf dem Trockenen nur noch nach Luft schnappte. Und ich war begeistert, dass ich sie mundtot gemacht hatte und das Giftverspritzen für dieses Mal gestoppt war. Mir gegenüber hat sie übrigens ab diesem Zeitpunkt auf Aussagen mit dieser Einleitung verzichtet.

Vermeiden Sie es daher unbedingt und immer, auf Gerüchte auch nur ansatzweise einzusteigen. Ich weiß, ein Tag ohne gelebten Flurfunk in einem Unternehmen ist kein kompletter Arbeitstag. Doch glauben Sie mir, die Gerüchteverbreiter und Klatschonkel und -tanten merken mit der Zeit genau, wer für ihr oft giftiges Gesäusel empfänglich ist und wer nicht. Ich persönlich lebe sehr gut damit, dass mir bestimmte Gerüchte erst gar nicht erzählt werden – sowohl im privaten als auch im beruflichen Umfeld. Gerüchte rauben bloß Energie, die man in weit positivere Aktivitäten investieren kann. Und sollte trotz Ihrer Gerüchte-Firewall doch wieder einmal etwas an Sie herangetragen werden, fragen Sie am besten sofort nach: »Wer sagt das?« Wenn Ihnen der Informationsträger das nicht verraten will oder kann, sagen Sie ihm, dass die Aussage keinerlei Bedeutung für Sie hat. Wenn er es Ihnen im Eifer des Gefechts doch verrät, laden Sie gleich nonchalant zu einem gemeinsamen

Gespräch mit dem Objekt der Gerüchteküche ein. Sie werden sehen, auf diese Weise und mit diesen Kontern haben Sie bald Ruhe von Verschwörungstheorien und Gerüchten jeglicher Natur.

Wann haben Sie zuletzt eine Information preisgegeben, die Sie eigentlich gar nicht kommunizieren wollten?
Was war der Auslöser? Und im Umkehrschluss, hat man Ihnen Gerüchte oder Flurfunkinhalte aufgedrängt, die Sie gar nicht hören wollten? Wie haben Sie darauf reagiert?

Bühne frei, Scheinwerfer auf mich!

Manche Menschen brauchen ständig eine Bühne, um Bestätigung für sich selbst zu erhalten. Besonders deutlich zeigt sich das in den sozialen Medien. Viele lechzen geradezu nach Likes. Jeder erhobene Daumen, jedes verteilte Herz ist Balsam für ihr Ego. Deshalb posten sie tagein, tagaus Bilder von sich oder versuchen mit polarisierenden Aussagen Aufmerksamkeit zu gewinnen. Wer massenhaft Selfies und Porträts postet, tut damit niemandem etwas zuleide. Doch manche Menschen sind ihrem Drang nach Bestätigung derart ausgeliefert, dass sie unhinterfragt Meinungen teilen und falsche Informationen verbreiten – einfach, weil es zusätzliche Aufmerksamkeit bringt. Only bad news are good news, scheint ihre Devise zu sein. Sie scheuen sich auch nicht, andere Nutzer zu diffamieren oder gehässige Kommentare unter deren Posts zu schreiben. Die Bezeichnung soziale Medien verliert zunehmend ihren ursprünglichen Sinn – statt Menschen zusammenzubringen, schaffen es nicht einmal globale Netzwerke wie Facebook, dieser Entwicklung Einhalt zu gebieten. Und Themen, die polarisieren, gibt es schließlich genug, seien es Wahlkämpfe, Rassismus oder die Maßnahmen der Politik gegen die Covid-19-Pandemie. Dann treffen das Interesse nach Aufmerksamkeit und persönliche Emotionen zusammen – ein gefährlicher Cocktail. Zudem nutzen viele die Anonymität und die schwierige Verfolgbarkeit im Netz für zerstörerische Zwecke. Denn das Internet ist geduldig, und gerade jene, die Defizite in der

Kommunikation von Angesicht zu Angesicht haben, können sich hier austoben, ohne gleich zur Rechenschaft gezogen zu werden. Themen, die eine ganze Interessensgruppe betreffen, können auf diese Weise gezielt verbreitet und in die gewünschte Stimmung getrimmt werden.

Hätte ich doch nur!

Als spätberufener Politiker trat Günther nach einer beruflichen Karriere in der Privatwirtschaft erst mit fünfzig Jahren in den Gemeinderat ein. Doch seine Erfahrung war gefragt, und durch gute Resonanz auch von Seiten der Bürgerinnen und Bürger wurden ihm schon bald wichtige Projekte übertragen – vor allem, wenn es um die Kommunikation gesellschaftspolitischer Maßnahmen in der kleinen Stadt ging. Ohne Social Media läuft da natürlich nichts, also bespielt Günther mit viel Engagement die wichtigsten Kanäle. Seit fünf Jahren ist er nun in der Politik, und noch nie war er Ziel unberechtigter Kritik oder Verleumdung.

Günther hat vor einem halben Jahr die Kommunikation für das Projekt »Zusammen sind wir Stadt« übernommen. Dabei geht es um die Integration zugezogener Menschen aus Krisengebieten. Es finden Treffen statt, die Kinder der Zugezogenen übernehmen Einkaufsdienste für Senioren und auch Vereine engagieren sich. Bisher sind alle diese Aktionen auf generelles Wohlwollen gestoßen. Es gab zwar vereinzelte negative Stimmen von Bürgern, die sich jedoch persönlich bei Günther meldeten und ihre Beschwerden vorbrachten. Diese besorgten Bürger konnte Günther im persönlichen Gespräch immer beruhigen und für diese Causa interessieren. Nun ist in Günthers Stadt die Eröffnung eines Lebensmittelgeschäftes geplant. Dort soll es Halal-Angebote geben – also Produkte, die den muslimischen Speisevorschriften entsprechen. Die Eröffnung wurde auf allen Kanälen feierlich angekündigt. Die örtliche Blasmusikkapelle sollte am Tag der Eröffnung zusammen mit einem orientalischen Ensemble aufspielen.

Und plötzlich, am Tag vor der Eröffnung, platzt eine veritable Social-Media-Bombe. Ein tief erboster Bürger stellt einen Beitrag auf Facebook, in dem er Günther als »opportunistischen Verräter« bezeichnet. Er schildert haarsträubende, frei erfundene Geschichten über Gelder, die Günther angeblich ohne das Wissen der

Bürger und hinter dem Rücken des Gemeinderates in die Taschen der zugezogenen Bewohner habe fließen lassen. Bei der Ausschreibung für das neue Lebensmittelgeschäft seien heimische Bewerber benachteiligt worden und sonst noch so einiges sei nicht mit rechten Dingen zugegangen. »Legen Sie Ihr Amt nieder, Sie sind als Gemeinderat unfähig und unwürdig!«, fordert der geifernde Hassposter Günther auf. Günther bleibt fast die Luft weg. Panisch schaut er auf die Uhr, stellt fest, dass es bereits neunzehn Uhr dreißig ist und noch niemand auf den zwei Stunden alten Post reagiert hat. Günther liest das absurde Posting noch einmal durch und schüttelt sich selbst beruhigend den Kopf. Er ist sich sehr sicher, dass diese hirnlose, aggressive Aussage niemand ernst nehmen wird. Keiner kann so dumm sein, diese haltlosen Anschuldigungen zu glauben. Er beschließt, nicht darauf zu reagieren.

Ab sieben Uhr morgens klingelt Günthers Telefon nonstop. Er vernimmt das Pling-pling ständig eingehender Nachrichten mit höchstem Staunen. Was ist denn da los? Zehn verpasste Anrufe schon? Da fällt ihm der Post von gestern wieder ein und ihm wird schwindelig. Er öffnet Facebook und erhält sofort die Benachrichtigung, dass »ein Beitrag, in dem du erwähnt wurdest«, bereits über zweihundert Reaktionen erhalten hat. Wie in Zeitlupe klickt er auf den Beitrag. Fassungslos starrt er auf die zahlreichen Kommentare und beginnt mit rasendem Puls zu lesen. Der Großteil der Poster kommentiert gegen Günther, und der Autor des Beitrages bezichtigt ihn jetzt auch noch der Feigheit, weil er sich in dem offenen Diskurs nicht zu Wort meldet. Günther versucht zu atmen, doch sein Brustkorb ist wie zugeschnürt. Warum tun ihm diese Leute so etwas an? Haben sie denn die Zusammenhänge überhaupt hinterfragt? Das gibt es doch nicht! Hätte er doch nur sofort reagiert und die Anschuldigungen gleich zurückgewiesen – aber er hat einfach nicht damit gerechnet, dass das notwendig sei.

Sie sehen, beim effizienten Kontern geht es nicht nur um die rein mündlichen Konter, die wir immer wieder positionieren müssen, um unsere Ziele zu erreichen. Auch und gerade in den sozialen Medien ist die Kunst des richtigen und vor allem raschen Konterns extrem wichtig. Denn leider ist Günther mit dieser höchst unangenehmen Erfahrung kein Einzelfall. Im Internet verbreiten sich Gerüchte mit rasanter Geschwindigkeit, die meist nicht einzufangen ist. Der Glaube an objektive, wohlwollende Menschen, die alles hinterfragen, bevor sie sich zu einer Meinungsäußerung aufschwingen, ist in dem Zusammenhang einfach blauäugig. Die Saat der Hetzer fällt meist und vor allem rasch auf fruchtbaren Boden, denn hier tritt auch das gruppendynamische Phänomen auf, dass viele Likes zu noch mehr Likes führen. Es ist, wie wenn Sie im Urlaubsort am Abend über die Promenade flanieren und ein Restaurant suchen. Wohin gehen Sie? In das leere Lokal, aus dem Ihnen der Kellner neckisch mit der Menükarte zuwinkt, oder in das Restaurant daneben, das bereits voll ist – bis auf einen einzigen Tisch, der genau auf Sie zu warten scheint? So viele Menschen können doch nicht irren, oder? Im Falle von gut besuchten Restaurants meist nicht, in den sozialen Medien leider doch. Günther hat die Situation vollkommen unterschätzt, denn in der aufgeheizten Gruppendynamik des Netzes fällt es leicht, in die Buhrufe einzustimmen, wenn jemand – auch unberechtigt – an den Pranger gestellt wird.

Was hätte Günther anders machen können? Sie wissen es schon: Er hätte sofort reagieren müssen! Eine klare Zurückweisung der Unterstellungen als sichtbarer Kommentar unter dem Post. Und im Anschluss sofort über Telefon oder – falls die Nummer nicht zur Hand ist – über den Messenger persönlich Kontakt aufnehmen. So schwer es auch fallen mag: Günther sollte in diesem Fall unbedingt den Dialog suchen und das Interesse des Hassposters herausfinden. Oft sind Konflikte in dieser Stufe gerade noch abzufangen! Hilft das nichts, so sind natürlich rechtliche Schritte zu prüfen. Doch in vielen Fällen sind die Angreifer gesprächsbereiter als erwartet. Manchmal suchen sie eine Bühne oder haben eine negative Meinung über Politiker. In Günthers Fall hat der Angreifer vielleicht gar kein Problem mit dem Lebensmittelgeschäft oder den zugezogenen Menschen, sondern fühlt sich aus irgendwelchen Gründen persönlich von der Politik übergangen. Nachfragen lohnt sich in solchen Fällen deswegen immer. Und nachfragen heißt noch lange nicht nachgeben – Günther verrät damit seine Werte nicht. Im Gegenteil, vielleicht kann er sogar noch einen glühenden Unterstützer gewinnen.

Dieses Prinzip machen sich übrigens erfolgreiche Unternehmen im Falle von Reklamationen zunutze: Durch den wertschätzenden Umgang und ein Entgegenkommen im Dialog bleibt statt der negativen Erfahrung schließlich die positive beim Kunden in Erinnerung. Bestimmt haben Sie Ihren Freunden auch schon einmal von einer besonders raschen Behebung einer Reklamation erzählt – oder von dem Extraglas Prosecco, das Sie für die etwas längere Wartezeit aufs Haus bekommen haben. Doch Achtung – das Extraglas aufs Haus führt uns schon zum nächsten Interessenstypus, den Sie sich nicht entgehen lassen sollten.

Das wäre doch gelacht, wenn nicht etwas herausspringt

Es ist ein meist ausgezeichnet verstecktes Interesse, das hinter einer vermeintlich sachlichen Kritik steht: die Suche nach einem Bonus. So wenden manche Menschen Reklamationen und negatives Feedback systematisch an, um eine kostenlose Zusatzleistung zu erhaschen. Das kann der Gast sein, der in jedem Restaurant einen Kritikpunkt ausfindig macht (und das sprichwörtliche Haar in der Suppe findet man immer, wenn man es nur lange genug sucht). Das kann aber auch jener Kunde sein, dessen Bestellung schon wieder vor der falschen Tür abgestellt wurde (beweisen Sie ihm das Gegenteil!). Oder der Mieter, der immer wieder neuerliche Makel in der Wohnung findet. Und es kann Ihr Mitarbeiter sein, der sich so lange Vorteile aus dem Unternehmen holt, bis diese ausgeschöpft sind, und Sie dann noch vor ein Arbeitsgericht bringt, weil er überhaupt den gesamten Arbeitsvertrag anzweifelt.

Das Perfide an diesen Personen ist: Die meisten Menschen rechnen einfach nicht damit, dass derartige Dreistigkeiten möglich sind. Angriffe dieser Art treffen sie somit völlig unerwartet, und sie versuchen sofort, sie im Guten zu lösen. Der Bonussucher erhält deshalb meist unkompliziert das, was er möchte. Übrigens kann dieses Interesse bei jedem Verhaltenstypus mit angelegt sein. Das heißt, Sie erkennen es auch nicht immer auf den ersten Blick. Der Pedant, der von Beginn an nörgelt und nach Fehlern sucht, ist noch relativ rasch identifizierbar. Allerdings ist sein Interesse nicht immer, einen Vorteil für sich herauszuschlagen. Meist geht es ihm einfach darum, es besser zu wissen oder recht zu haben. Viel schwieriger sind Blender, die sympathisch und freundlich auftreten, schnell ins Gespräch kommen und sich so das Vertrauen ihrer Zielperson erschleichen.

Erika, selbstständige Unternehmerin, teilt diese schmerzvolle Erfahrung: *»Als Programmiererin habe ich mir in den letzten Jahren einen guten Namen gemacht, habe die Websites einiger namhafter Unternehmen aufgebaut. Aber die laufende Betreuung erfordert viel Zeit, deshalb habe ich vor einem Jahr einen jungen Mitarbeiter direkt aus der Fachhochschule aufgenommen. Er hat mich überzeugt, schien freundlich, zuverlässig, engagiert. Als er eingearbeitet war und endlich eigenständig Projekte übernehmen konnte, begannen die Probleme. Kunden riefen mich an und fragten, warum er nicht erreichbar sei. Ich entdeckte, dass Aufgaben einfach liegengeblieben waren. Da er von zu Hause arbeitete, versuchte ich, ihn telefonisch und per Nachricht zu erreichen. Er meldete sich nicht. Am nächsten Tag ließ er mir eine Bestätigung eines Arztes zukommen, er sei auf unbestimmte Zeit krankgeschrieben. Nach drei Wochen Funkstille bekam ich mit, dass er einzelne Kunden wieder kontaktierte und Gerüchte über mich und mein Unternehmen verbreitete. Nachdem er für mich noch immer nicht erreichbar war, blieb mir nichts anderes übrig, als ihm zu kündigen. Kurz darauf sandte er mir ein Schreiben mit unverschämten Forderungen. Ich gab zum Teil nach, versuchte, die Sache schnell vom Tisch zu bekommen, weil sie mich schwer belastete und ich beileibe genug Arbeit hatte. Doch heute frage ich mich, warum ich mir das habe gefallen lassen.«*

Absolut verständlich, liebe Erika. Wer Opfer dieser Taktik wird, ärgert sich in erster Linie über sich selbst, obwohl ihn keine Schuld trifft. Man zerbricht sich den Kopf, ob man schon früher Zeichen erkennen hätte können und ob eine andere Reaktion den Angreifer zur Vernunft gebracht hätte. Meine Erfahrung damit ist: Nein. Beleuchten Sie das Umfeld solcher Angreifer näher, stellt sich in den meisten Fällen heraus, dass diese Person auch auf vielen anderen Ebenen Streitigkeiten hat. Erika fand später heraus, dass ihr Mitarbeiter bei der kostenlosen Arbeitnehmervertretung bereits ein bekannter Fall war, weil er als Praktikant während seines Studiums schon in einigen Unternehmen Probleme hatte. Die Ursache aus seiner Sicht: Alle behandelten ihn ungerecht und nutzten ihn aus. Erika stellte auch fest, dass der junge Mann in vier Studienjahren dreimal das Studentenheim gewechselt hatte, weil er überall Ärger bekam. Offenbar zogen sich Streitereien als roter Faden durch sein Leben.

Wenn das Opfer diese Tatsachen herausfindet, ist es meist schon zu spät: Der Miet- oder Dienstvertrag ist abgeschlossen, die ersten Probleme haben sich manifestiert. Ich rate dennoch, im ersten Schritt – wenn möglich – persönlich Kontakt aufzunehmen, ein Treffen oder Telefongespräch zu vereinbaren und zu versuchen, Konsens herzustellen. Halten Sie danach schriftlich fest, was Sie vereinbart haben. Ficht es die andere Person trotzdem an, bleiben Sie schriftlich, aber nur mehr sachlich. Geben Sie keine Angriffsflächen in Stil von »Es tut mir leid, dass es so gelaufen ist« oder »Ich verstehe nicht, dass« frei. Reagieren Sie auf den Inhalt. Denn sobald der Angreifer die kleinste Fläche wittert, stößt er zu. Für ihn ist sonst nie Schluss in diesem grausamen Spiel, daher: Bieten Sie ein Entgegenkommen im Sinne des besprochenen Konsenses oder Ihres persönlichen Wohlwollens. Und nichts darüber hinaus. Bleiben Sie konsequent, und Sie werden überrascht sein: Oft tritt der Angreifer dann kleinlaut zurück. Wenn nicht, engagieren Sie einen kompetenten Rechtsbeistand – aber unterstützen Sie die Interessen von solchen Menschen keinesfalls.

Wir alle fühlen uns gut, wenn wir das Entgegenkommen unseres Gegenübers wahrnehmen. Wir wollen wertgeschätzt werden, als Gast, als Arbeitskraft, als Kunden. Es motiviert uns, steigert die Konsumbereitschaft und stellt eine positive Beziehungsebene her. Wenn jedoch eine Person anfängt, etwas mehr zu fordern, als die Beziehung erlaubt, sollten wir achtsam werden. Hier handelt es sich meist um Zeitgenossen, die stets einen Vorteil suchen. Sie finden immer Argumente, um ihr Verhalten zu rechtfertigen – egal, was wir dagegenhalten. Sie zur Räson zu bringen ist zwecklos. Hier helfen nur Abgrenzung und klare Ansagen, sobald die Beziehung über die Maßen strapaziert wird. Denn es ist besser, eine Person wendet sich frühzeitig beleidigt von Ihnen ab, als dass Sie machtlos ins Desaster schlittern.

Kennen Sie Personen, die überall einen Vorteil für sich suchen? Wie äußert sich dieses Interesse? Und wie rasch erkennen Sie es bzw. wie reagieren Sie darauf?

Was man in Harvard herausgefunden hat

In den 1980er-Jahren wurde an der US-amerikanischen Harvard Universität ein Forschungsprogramm zu erfolgreicher Verhandlungsführung gestartet. Die Erkenntnisse daraus flossen unter anderem in das bekannte Buch »Das Harvard-Konzept« ein. Ziel dieses Konzeptes ist es, in Konfliktsituationen eine friedliche Lösung zu finden und den größtmöglichen beiderseitigen Nutzen zu schaffen. Dabei geht es jedoch nicht um einen Kompromiss, bei dem meist eine Partei nachgeben muss, sondern um einen Konsens, der die Beziehung auf Augenhöhe wahrt. Eines der Grundprinzipien des Harvard-Konzeptes ist das Konzentrieren auf die Interessen der Beteiligten – und nicht auf die Positionen. Was bedeutet das? Wer sich partout in seine Position verbeißt, kann davon nicht mehr abrücken, ohne sein Gesicht zu verlieren. Wer sich hingegen auf Interessen konzentriert, behält die Bereitschaft bei, konstruktiv nach einer Lösung zu suchen. Am Beispiel eines Gehaltsgespräches ist es das Interesse des Arbeitnehmers, mehr Gehalt zu bekommen. Das Interesse des Arbeitgebers ist es, die bestmögliche Leistung des Arbeitnehmers zu erhalten und dafür ein wirtschaftliches Gehalt zu bezahlen. Ist das dem Arbeitnehmer im Vorhinein bewusst, so baut er seine Argumentation auf Leistung und seinem Mehrwert für das Unternehmen auf. Ist es ihm nicht bewusst, so rückt er in eine Position, zum Beispiel: »Ich verdiene zu wenig, das ist unfair!«. Aus dieser Position heraus argumentiert er mit Sicherheit ungeschickter als mit dem Fokus auf gemeinsamen Interessen.

Wer etwas von einer anderen Person möchte, äußert seinen Willen natürlich aus seiner Position heraus. Die Art der Debatte, die dadurch entsteht, kennen wir aus politischen Duellen, wenn vor Wahlen die finalen Kandidaten ins TV-Studio gebeten werden. Staunend dürfen die Zuseher dann mitverfolgen, wie um Redeanteile und Themenführerschaft gestritten wird, wie über den Kopf des anderen hinweg Parolen proklamiert werden, ohne überhaupt zuzuhören. Erst, wenn die Wahl geschlagen ist und Koalitionen gebildet werden müssen, zeigt man sich gesprächsbereit, weil klar ist: Ohne die Zustimmung der anderen kommt auch die eigene Partei keinen Schritt voran. Doch einzeln befragt, leiern manche Politiker ihre Position wie ein Mantra herunter und rücken keinen Millimeter davon ab. Wer sich der Partei anschließt, übernimmt zwar deren Ideologie, hat aber die Möglichkeit, dennoch einen offenen Diskurs zu führen. Leider zieht dies nicht immer das Wohlwollen der Partei auf sich, und so übernehmen Menschen oft Positionen und verteidigen sie auf Biegen und Brechen. Die Gefahr dabei ist, dass das Verteidigen der Position zum eigentlichen Interesse wird. Der Inhalt gerät ins Hintertreffen, weil der Kampf um die Position fast die gesamte Energie der Diskussion verbraucht.

Genauso verhält es sich, wenn wir unsere eigenen Werte, Ideale und Ziele durchsetzen wollen. Stampfen wir in den Boden wie ein zorniges Kind nach dem Motto: »Das muss jetzt so sein!«, dann werden wir es nur mit Druck oder unter Androhung von Repressalien durchsetzen. Die Wahrscheinlichkeit, dass die andere Person ebenfalls Druck macht, ist hoch, denn Druck erzeugt immer Gegendruck. Erst, wenn beide sprichwörtlich mit dem Rücken zur Wand stehen und ohne den anderen nicht mehr aus ihrer Position herauskönnen, wird nach einer Lösung gesucht. Und diese ist oft unbefriedigend, weil sie erzwungen ist. So entstehen stets wiederkehrende Streitsituationen, die immer nach demselben Muster ablaufen. Viele kennen dieses Thema aus ihren Beziehungen und wissen meist schon im Vorfeld, wenn sich diese Art des Streites anbahnt. Um den Frieden zu wahren, versucht dann manchmal eine Seite, diesmal anders zu reagieren und sofort nachzugeben. Das Ergebnis: Es gibt einen Sieger und einen Verlierer. Auch, wenn es der Verlierer mit Würde trägt – schließlich hat er sich selbst dafür entschieden –, kommt das Thema garantiert einige Zeit später wieder aufs Tapet: Nämlich dann, wenn des Streitmuster erneut auftaucht. Dann wird der Verlierer des letzten Streites dem Sieger auftischen: »Letztes Mal habe ich schon dir zuliebe nachgegeben! Diesmal sicher nicht.« Und schon geht es heiter weiter.

Sie erkennen den Teufelskreis? Wenn wir nicht die Suche nach gemeinsamen Interessen in den Vordergrund stellen, werden wir immer an Einzelinteressen und Positionen scheitern. Wir haben im Buch schon Paare betrachtet, die offenbar diesen Zustand ein Leben lang zu ertragen bereit sind. Viel einfacher ist es, der Ursache auf den Grund zu gehen, die Interessen herauszufinden und abzugleichen: Gibt es Gemeinsamkeiten, zumindest einen kleinsten gemeinsamen Nenner? Können wir ein Gegengeschäft, einen fairen Deal machen? Plötzlich werden Optionen sichtbar und eine Lösung taucht dort auf, wo wir sie zuvor nicht vermutet haben. Hören Sie daher immer ganz genau hin und fragen Sie nach, wenn Sie nicht gleich herausfinden, worum es Ihrem Gegenüber geht. Und wenn jemand schamlos Vorteile für sich herausschlagen möchte, machen Sie kurzen Prozess. Hier ist konsequentes, sachliches Abarbeiten gefragt, Emotionen sind so weit wie möglich beiseitezulassen. Sonst geben Sie Angriffsflächen frei und ziehen Streitigkeiten unnötig in die Länge. Schlagen Sie ein Abkommen vor, aus dem Sie den geringstmöglichen Schaden nehmen, und schließen Sie das Kapitel – und auch die Beziehung jeglicher Art – ab.

Seien Sie achtsam, wenn Sie das Gefühl haben, jemand

- **feindet Sie unerwartet an,**
- **stellt Ihnen zu persönliche Fragen,**
- **macht Ihnen unberechtigte Vorwürfe,**
- **will Ihnen ein schlechtes Gewissen machen,**
- **sucht aus allem einen Vorteil zu ziehen.**

Fragen Sie nach der Ursache, doch rechnen Sie mit Vorwänden. Nicht immer wird Ihnen Ihr Gegenüber sein eigentliches Interesse unterbreiten.

3.4 Flagge zeigen – die richtige Reaktion wählen

Stellen Sie sich vor, Sie sitzen in einer Besprechung und diskutieren mit Ihrem Team einen Vorschlag, den Sie gerade eingebracht haben. Schon während Ihrer Präsentation haben Sie bemerkt, dass ein Kollege offensichtlich nicht Ihrer Meinung ist. Lässig zurückgelehnt, mit verschränkten Armen und ausgestreckten Beinen hat er Ihre Präsentation verfolgt und hin und wieder skeptisch die Stirn gerunzelt. Obwohl er noch nichts gesagt hat, zeichnet sich bereits an seiner Körpersprache ab, dass er Ihren Vorschlag nicht unterstützen wird. Deshalb versuchen Sie, in der Diskussion den Kollegen aktiv einzubinden: »Was sagst du dazu, Jürgen?« Jürgen hat nur auf diese Aufforderung gewartet und zerreißt Ihren Vorschlag in der Luft. Dann ergänzt er gleich, wie er es machen würde. Zu Ihrer Überraschung bekommt er nicht nur die Aufmerksamkeit, sondern auch teilweise zustimmendes Nicken des Teams. Sie können kaum verbergen, dass Sie über Jürgens Vorgehen ziemlich erbost sind. Noch bevor Sie zum Konter anheben, schließt dieser seine verbale Attacke mit den Worten: »Da brauchst du jetzt doch nicht beleidigt zu sein!«

Der Gefühlscocktail, der hier gemixt wird, ist explosiv: Der Angreifer versucht Sie schon während der Präsentation zu verunsichern, in dem er mit seiner Körpersprache zeigt: Ich bin nicht deiner Meinung. Verbal erklärt er jedoch nicht, warum er sich so verhält – er lässt Sie im Dunklen tappen. Ein Teil Ihrer Sensorik ist also bereits während Ihrer Präsentation damit beschäftigt, herauszufinden, warum sich diese Person so eigenartig verhält. Das kostet Sie Energie, die Ihnen beim Darlegen Ihrer Inhalte fehlt und Sie schwächt. Nun wollen Sie natürlich herausfinden, was zu dem abweisenden Verhalten des Angreifers führt, und fragen ihn nach seiner Meinung zum Thema. Die inhaltliche Kritik folgt auf dem Fuße mit einem anschließenden Vorschlag, wie man es besser macht. So demontiert der Gegner Ihren Status sukzessive und stellt sich mit seinem Vorschlag über Sie. Gekrönt wird sein hoher und Ihr bereits angesägter Status schließlich durch die fiese Unterstellung, Sie seien beleidigt, worin natürlich mitschwingen soll, dass Sie überempfindlich sind und keine Kritik vertragen.

Ein Schiff kann nicht auf Kurs gegen den Wind segeln. Aber es kann kreuzen.

Diese dreiste Strategie bringt selbst das ruhigste Gemüt zum Brodeln. Gehen Sie jetzt an die Decke, bestätigen Sie das, was Ihnen der Angreifer gerade unterstellt hat. Damit hat er Sie genau dort, wo er Sie haben wollte, und serviert dem Publikum auch gleich den Beweis, dass er recht hatte.

Dieses Vorgehen finden wir auch in Mobbing-Situationen: Eine Person wird gezielt zum Opfer gemacht und in jenes Verhalten gepusht, das man ihr vorweg unterstellt. Dann wird noch das Publikum einbezogen, um dem Opfer die letzte Sicherheit zu rauben. Das Publikum begreift meist gar nicht, dass es vom Täter instrumentalisiert wird, um das Opfer zu demütigen.

Täter: »Jetzt ist sie wieder beleidigt!«
Opfer: »Ich bin nicht beleidigt!«
Täter: »Sicher bist du beleidigt, ich sehe es ja.«
Opfer: »Nein, bin ich nicht!«
Täter: »Bist du doch!«
Opfer: »Nein!!!«
Täter: (zu den anderen im Raum) »Schaut nur, wie sie beleidigt ist!«
Opfer: (wird immer wütender) »Ich bin nicht beleidigt!!«
Täter: (zu den anderen im Raum) »Jetzt streitet sie es auch noch ab!«

So wächst der Täter immer mehr, auch wenn seine Anschuldigung völlig aus der Luft gegriffen ist. Das funktioniert auch mit anderen Unterstellungen, zum Beispiel »du kapierst nichts, du kannst nicht zuhören, du bist aggressiv« und so weiter. Ein geschickter Täter kann auf diese Weise große Menschengruppen manipulieren und Vorurteile auslösen, ohne dass diese es bemerken. Sollten Sie auch nur im Ansatz wahrnehmen, dass jemand Sie als Opfer für sein perfides Spiel ausgewählt hat, dann erwarten Sie keinesfalls, dass die restlichen Anwesenden objektiv sind und sich eine rationale Meinung bilden werden. Der gruppendynamische Prozess in solchen Situationen wurde in vielen soziologischen und psychologischen Experimenten erforscht und kommt immer zu demselben Ergebnis: Menschen verhalten sich nicht rational, wenn sie Teil einer Gruppe sind. Sie verfallen in Herdendenken und warten darauf, geführt zu werden. Es ist derselbe Effekt, den wir aus dem Erste-Hilfe-Kurs kennen: Kommt eine Einzelperson zu einem Unfall, eilt sie sofort zur Hilfe. Sind jedoch schon mehrere Personen vor Ort, handelt keine davon, es entsteht Unsicherheit, niemand will unter den Augen der anderen einen Fehler machen. Deshalb: Warten Sie im Meeting nicht auf Ihren Retter, nehmen Sie die Situation selbst in die Hand und wählen Sie eine geeignete Reaktion! So lassen Sie einen Kritiker nicht zum übermächtigen Täter werden.

Wer fragt, der führt

Es sind oft nur wenige Sekunden, die einen großen Unterschied machen. Wir haben bereits die Schockstarre betrachtet, die eintritt, wenn wir realisieren, dass wir attackiert werden. Nun gilt es, dem Angreifer nicht noch ins sprichwörtliche Messer zu laufen, indem wir uns rechtfertigen oder gar das Gesagte wiederholen. »Schau nicht so böse!« ist zum Beispiel eine beliebte Taktik, um eine Person aufzuziehen oder sie vor anderen bloßzustellen. Die Reaktion ist häufig: »Ich schaue gar nicht böse!«. Oje – doppelt hereingefallen: zum einen die Rechtfertigung auf eine unberechtigte Unterstellung, zum anderen die Wiederholung des Wortes »böse«. So bleibt beim Publikum eines sicher in Erinnerung: Das ist die Person, die böse schaut. Lassen Sie sich so etwas nicht gefallen! Wenn eine Bemerkung nichts mit dem Thema zu tun hat, behandeln Sie sie als Störfaktor und schalten Sie sie baldmöglichst aus. Eine hervorragende Methode ist die Rückfrage-Technik: »Wie kommst du zu dieser Annahme?« Nun muss sich der Angreifer rechtfertigen oder zumindest erklären. In den meisten Fällen wird die Rückfrage einfach abgetan (»War nur ein Scherz« oder »Egal, nicht so wichtig«). Der Angreifer muss dann jedoch beweisen, dass es wirklich nicht so wichtig war, sonst würde er sich selbst kompromittieren. Meiner Erfahrung nach funktioniert die Rückfrage-Technik in neunzig Prozent aller verbalen Angriffe. Sie hat nur einen nennenswerten Nachteil: Der Angreifer erhält Redeanteile. Befinden Sie sich in der Debatte mit einer sehr gesprächigen Person, kann Ihnen dadurch wertvolle Sprechzeit verloren gehen, weil diese das Ruder an sich reißt. Für Alltagsgeplänkel und Neidargumente im Stil von »Du bist aber auch immer der Erste, der geht« funktioniert das simple Rückfragen jedoch hervorragend.

Nun haben wir natürlich nicht immer nur mit Neidargumenten oder Unterstellungen zu tun. Eine weitere Kategorie sind Klischees und Pauschalverurteilungen. So ging es Uwe, der als ehrgeiziger Jungkoch auf dem Weg zu seinem ersten Michelin-Stern einige Hürden in Kauf nehmen musste.

Hätte ich doch nur!

Seit drei Jahren leitet Uwe mit Leidenschaft die Küche eines gutbürgerlichen Restaurants. Mit seinen kreativen Ideen und der oft außergewöhnlichen Umsetzung hat er sich einen mittlerweile beachtlich großen Kreis von Fans geschaffen. Kürzlich war sogar ein Reporter des Lokalteiles der Tageszeitung im Restaurant und berichtete über Uwes Talent. Der Titel des Artikels im Blatt lautete: »Junger Überflieger greift nach den Sternen« – nicht nur eine Ehre für Uwe, sondern auch eine unbezahlbare Werbung für das Restaurant.

Dennoch stößt Uwe immer wieder mit dem Geschäftsführer zusammen, besonders, wenn es um den regelmäßigen Wechsel der angebotenen Speisen geht. Der Geschäftsführer, Mitte fünfzig und selbst Gastronom, bevorzugt ein konservatives Angebot aus klassischen Gerichten. Er hält wenig von den »Spinnereien der Jungen«, wie er es gerne ausdrückt. Uwe weiß bereits: Immer am Montag, wenn er die neue Wochenkarte präsentiert, gibt es Diskussionen. Deshalb versucht er, einen Kompromiss zu finden und immer auch einige klassische Gerichte anzubieten. Heute jedoch scheint der Geschäftsführer außer Rand und Band zu sein. Schon zu Beginn der Besprechung murrt er Uwe an: »Na, welche kulinarischen Extrawürste hast du dir heute wieder ausgedacht?« Ohne auf die Anspielung einzugehen, präsentiert Uwe die Gerichte der Woche. Doch der Geschäftsführer lässt nicht von ihm ab: »Führe du erst einmal so lange ein Restaurant, dann wirst du wissen, wie ein gutes Angebot aussieht!« Noch immer versucht Uwe mit seiner gutmütigen Art, nicht darauf einzugehen. Er weiß, dass er andernfalls einen handfesten Streit vom Zaun brechen würde, und das will er nicht. So spricht er weiter, doch leider ändert sich nichts an der Stimmung des Geschäftsführers. »Unsereins hat noch ordentlich gekocht – heute ist alles nur mehr Marketing und nichts dahinter!«

Jetzt spürt Uwe ein Rauschen in seinen Ohren. Er merkt, wie sein Blut in Wallung gerät. Er, Uwe, hat dem Restaurant einen guten Ruf und sogar Präsenz in der Zeitung verschafft, und das ist der Dank dafür? Wenn er seinen Arbeitsplatz nicht so sehr liebte, würde er dem Geschäftsführer ordentlich die Meinung geigen. Doch Uwe will diplomatisch bleiben und gibt bei: »Schau, ich habe dafür dein geliebtes Schnitzel und die Pasta mit der Lachssoße auf die Karte gesetzt.« Damit scheint der Geschäftsführer vorerst zufrieden zu sein. Doch Uwe ist es nicht. In ihm nagt ein Gefühl der Ungerechtigkeit – er bemüht sich so sehr, verhilft dem Restaurant zu Prestige und muss sich dann noch dieses dumme Geschwätz gefallen lassen. Lange steht er an diesem Montag in der Küche und bekommt den Gedanken nicht aus seinem Kopf: Hätte er den Geschäftsführer wenigstens gekontert! Doch er hat ihm indirekt auch noch recht gegeben.

Das Geschwätz der Altvorderen, wie ich es gerne bezeichne, steht für eine Angriffskategorie, die sich des Klischees »Alter ist gleich Weisheit« bedient. Es begegnet nicht nur dem engagierten Jungkoch Uwe, sondern ist allerorts zu finden. Erst kürzlich hat mir gegenüber eine junge Mitarbeiterin in Ausbildung bei einem Handelsunternehmen geklagt, dass ihre Ausbilderin ihr ständig mit Sprüchen dieser Richtung kommt: »Geh du erst einmal so lange arbeiten!« Damit erstickt sie Ideen der Mitarbeiterin sofort im Keim. Und genau das ist das Ziel dieses Klischees, das auch Uwes Geschäftsführer anwendet. Gerüstet mit der Waffe der Ungleichheit, in diesem Fall der Altersunterschied, geht er als Älterer auf den Jüngeren los. Damit steht es scheinbar eins zu null, denn der Altersunterschied steht fest und lässt sich nicht ändern. Was sich sehr wohl ändern lässt, ist die implizierte Aussage, dass Alter für Weisheit – und im Umkehrschluss Jugend für Dummheit – steht. In Uwes Fall ist dringend anzuraten, gleich beim ersten Kommentar zu reagieren und nachzufragen, jedoch keinesfalls das Negative zu wiederholen. Durch die Rückfrage »Wie meinst du das?« oder »Wie darf ich das verstehen?« ist der Geschäftsführer gezwungen, seine Aussage zu reflektieren. Gerät er weiter in Klischees, kann Uwe diese parieren. Vorerst gewinnt er aber einmal Zeit, um sich einen Konter zurechtzulegen. Bei Aussagen, die mit »Unsereins ...« oder »Ihr Jungen/Ihr Frauen/Ihr Männer/Du als Angestellte ...« beginnen, sollten Sie unbedingt

Flagge zeigen! Sie ärgern sich hinterher wie Uwe, dass Sie sich ausgrenzen oder abwerten haben lassen. Die Rückfrage »Wie meinst du das?« kann in diesem Fall allerdings zu milde sein. Versuchen Sie es ganz einfach einmal mit: »Sagt wer?«. Sie werden erstaunt sein über die Wirkung!

In welchen Situationen geben Sie lieber klein bei, um den Frieden zu wahren?
Bei wem werden Sie ab sofort rückfragen, wenn Klischees fallen?

Was wir von Türstehern lernen können

Vor einiger Zeit durfte ich mit einer Gruppe Sicherheitspersonal – im landläufigen Jargon »Türsteher« genannt – arbeiten. Es ging um den adäquaten Umgang mit uneinsichtigen Gästen, die sich nicht nur durch übermütiges Gruppenverhalten, sondern durch erhöhten Alkoholkonsum auszeichnen. Die Sicherheitspersonen am Eingang von Bars oder Tanzlokalen haben die Aufgabe, für Ordnung zu sorgen, und müssen Respekt und Autorität ausstrahlen. Daher verschränken sie die Hände hinter dem Rücken und tragen meist Sonnenbrillen, selbst in der Nacht. Diese Körpersprache sagt: Ich sehe deine Hände und Augen, aber du siehst meine nicht. Unbewusst wird dadurch Distanz geschaffen, denn Menschen achten bei der ersten Begegnung sofort auf diese beiden Faktoren: Wo sieht der andere hin, wie ist sein Blick – freundlich oder feindlich? Wo sind seine Hände, hält er eine Waffe versteckt? Können wir das nicht erkennen, halten wir lieber Abstand. Die Körpersprache von Sicherheitskräften lehrt uns die Steuerung von Nähe und Distanz. Sie zeigt uns, wie wir durch sicheres Auftreten bereits einen Vorsprung gewinnen können, ehe ein Wort gewechselt wird. Damit meine ich nicht, dass Sie sich von nun an das Gehabe eines Türstehers aneignen sollen. Es wäre unpassend und würde Ihnen einen künstlichen Hochstatus verleihen, der eher abschreckend wirkt oder über den sich andere lustig machen könnten.

Ich meine damit, dass Sie durch Ihre nonverbale Kommunikation Ihrem Umfeld klare Signale geben, wie Sie sich fühlen, wie sicher Sie sind und was Sie von Ihren Mitmenschen halten. Unterschätzen Sie die Körpersprache niemals! Kommunikation ist stets ein Zusammenspiel aus Sympathie und Respekt. Nur wenn diese beiden Komponenten ausgeglichen sind, können ein partnerschaftliches Verhältnis und eine solide Beziehung geschaffen werden. Den Grundstein dafür, wie wir wahrgenommen werden, legen wir immer mit den nonverbalen Signalen. Was passiert also, wenn wir einem Menschen begegnen? Im Bruchteil einer Sekunde erfasst das Auge unser Gegenüber und leitet die Information an unser Gehirn weiter. Dort findet eine Art Quickscan statt, der sich auf drei Kriterien stützt:

Erstens – ist diese Person eine Gefahr für mich?
Unser Gehirn versucht sofort herauszufinden, ob von unserem Gegenüber eine mögliche Gefahr ausgeht. Dazu wird das Gesehene in Millisekunden mit Erfahrungswerten im Schema freundlich/feindlich abgeglichen.

Zweitens – ist mir diese Person über- oder unterlegen?
Das unsichtbare Abwägen der Kraft- und Machtverhältnisse lässt uns rückschließen, wer stärker ist. So nehmen wir unser Gegenüber dominant oder untergeordnet wahr, immer im Vergleich zu uns selbst.

Drittens – finde ich diese Person attraktiv?
Wir entscheiden unwillkürlich, ob wir mit dieser Person ins Gespräch kommen möchten oder nicht. Um manche Zeitgenossen machen wir lieber gleich einen Bogen, während andere unsere volle Aufmerksamkeit erhalten.

Am Beispiel der Türsteher sehen wir deutlich, wie dieser Quickscan funktioniert und wie wir unsere Wirkung aktiv gestalten können. Strahlen Sie bereits durch Ihre nonverbale Kommunikation Souveränität und Stärke aus, werden Sie tendenziell weniger angegriffen. Man traut Ihnen mehr zu und respektiert Sie. Übertreiben Sie Ihre nonverbalen Signale und plustern sich künstlich auf, gewinnen Sie vielleicht noch mehr Respekt, verlieren jedoch auch Sympathiepunkte.

Betrachten wir deshalb Ihre Körpersprache im Detail, von Fuß bis Kopf: Stehen Sie fest auf beiden Fußsohlen, wenn Sie etwas zu sagen haben. Achten Sie auf Ihre Haltung, sie sollte aufrecht sein und nicht in der Hüfte eingeknickt. Ein leichtes Anspannen der Bauchmuskulatur hilft Ihnen dabei und hebt zugleich das Brustbein. Nehmen Sie Ihre Schultern etwas zurück, das lässt Sie offener und zugleich sicherer wirken. Sehr viele Menschen haben aufgrund langer Arbeitszeit im Sitzen und durch das ständige Schauen auf ihr Smartphone eine leicht gebückte Grundhaltung mit sichtbarem Buckel im oberen Rücken- und Nackenbereich. Diese Haltung impliziert Unterordnung und strahlt wenig Selbstbewusstsein aus. Wer bewusst darauf achtet, kann gegenwirken: durch Sport, durch regelmäßiges Schulterkreisen, durch eine souveräne Gestenführung. Das bedeutet: setzen Sie Ihre Arme und Hände beim Sprechen ein. Untermauern Sie das Gesagte mit Ihren Gesten, und Sie wirken sofort präsenter und sicherer. Wichtig ist dabei, dass Sie eine leichte Spannung in Handgelenke und Finger bringen. Sonst laufen Sie Gefahr, dass Ihre Gesten schlaff und hingeworfen wirken. Handgelenke werden in der Körpersprache übrigens mit Macht in Verbindung gesetzt. Wer feste Handgelenke zeigt, dem wird mehr zugetraut. Sie kennen das bestimmt aus Ihrer Erfahrung mit dem Händedruck: Ist der Druck zu schlaff, schätzen wir auch unser Gegenüber als schwächer ein.

Wenn Sie nun aufrecht und fest stehen, die Schultern an der richtigen Stelle haben und Ihre Arme und Hände zum Unterstreichen Ihrer Worte einsetzen, denken Sie bitte noch an eine aufrechte Kopfhaltung – damit strahlen Sie Überblick und Kompetenz aus. Heben Sie Ihr Kinn zu stark an, wird aus dem Überblick rasch Überheblichkeit – damit heißt es sparsam umzugehen. Wer häufig zu Boden blickt oder den Kopf lächelnd zur Seite legt, wirkt schüchtern und unsicher und gibt auch sichtbare physische Angriffsflächen frei, indem er Hals und Nacken exponiert. Versuchen Sie ruhig vor dem Spiegel unterschiedliche Positionen und achten Sie nicht nur darauf, was Sie sehen, sondern auch, wie Sie sich selbst dabei fühlen. Die äußere Haltung und die inneren Gefühle stehen in unmittelbarem Zusammenspiel. Und beides können Sie selbst direkt beeinflussen. Wenn Sie Kraft brauchen, etwa im Fall eines verbalen Angriffes, dann müssen Sie weder Superman noch Wonder Woman sein. Verändern Sie einfach Ihre Körperhaltung, richten Sie sich auf, lenken Sie Ihren Blick auf Ihr Gegenüber. Damit wirken Sie auf Ihre innere Haltung und suggerieren sich selbst: Ich bin stark, ich sehe der Situation ins Auge und wähle gezielt ein Gegenargument. Apropos ins Auge sehen: Mit einem steten Blickkontakt zeigen Sie Ihrem Gegenüber, dass Sie voll präsent sind, dass Sie die Person wahrnehmen und jederzeit bereit sind, in eine Argumentation einzusteigen. Schenken Sie auch Ihrer Mimik Bedeutung. Unser Gesicht besteht aus sechsundzwanzig Muskeln, die auf unzählige verschiedene Arten unsere Gefühle nach außen spiegeln. Eine kleine Veränderung in der Mimik, ein Heben der Augenbraue, ein Zucken des Mundwinkels oder ein schlichtes Lächeln kann die Situation maßgeblich verändern.

Die nonverbale Kommunikation beeinflusst somit nicht nur Ihr Gegenüber, das Sie als starken oder schwachen Gegner wahrnimmt, sondern auch Sie selbst. Schauspieler trainieren diese Kompetenz über Jahre: von der äußeren zur inneren Haltung und umgekehrt. Welche Wirkung haben kleine Veränderungen auf die Dramaturgie, welche Wirkung auf die Reaktion des Gegenübers? Ich lade Sie herzlichst ein, viel zu beobachten und zu experimentieren. Körpersprache ist implizites Wissen, und wer sie gezielt einsetzen möchte, muss die Auswirkungen selbst erfahren und fühlen.

In welchen Situationen fühlen Sie sich klein und unterlegen?
Welchen Personen gegenüber fühlen Sie sich überlegen? Wie äußert sich das?

Sympathie und Respekt zugleich – geht das überhaupt?

Ihre Ausstrahlung entscheidet darüber, wie Sie von anderen wahrgenommen werden und ob man Ihnen etwas zutraut und Sie für professionell und kompetent hält. Oft agieren Menschen bereits im Voraus so, dass sie unangreifbar wirken. Meist aus Angst vor Attacken oder Sorge darüber, Autorität zu verlieren, geben sie sich zugeknöpft und unnahbar und bieten keine Angriffsfläche. Ich hatte als Teenager einmal eine Lehrerin, die sich durch ihre sprichwörtlich zuknöpfte Kleidung, konservativ und hochgeschlossen, gleich einen Respektabstand verschaffte. Ihr Haar war schwarz gefärbt und hochtoupiert, ihre stechend braunen Augen mit einem harten schwarzen Lidstrich untermalt. Die Augenbrauen hatte sie in eine akkurate Linie gezwungen. Der dunkelrote Lippenstift ließ die Dame noch schmallippiger erscheinen, als sie ohnehin schon war. Mit ihrem gesamten Auftritt erinnerte sie an eine strenge Oberlehrerin aus einem alten Film. Auch ihr Verhalten passte exakt in dieses Bild. In ihrer Mimik fand sich kaum ein Lächeln, sie wirkte herrisch und hatte das Geschehen in der Klasse stets im harschen Blick. Ihr Rededuktus war ein Stakkato an Anweisungen, der Unterrichtsstoff wurde uns Schülern zum Mitschreiben ins Heft diktiert. Fragen waren nur zulässig, wenn sie das Diktat nicht unterbrachen. Die Ansprache der Schüler – entgegen dem Usus an der Schule – erfolgte per Sie und mit Nachnamen (jedoch ohne Frau oder Herr). Von der ersten Unterrichtseinheit an war klar, dass es hier rein um die Vermittlung des Stoffes ging. Empathie, Humor oder gar Persönliches hatten keinen Platz in ihrem Lehrauftrag. Um auch noch die letzte mögliche Gefahr jugendlichen Leichtsinns auszuschalten, führte die Lehrerin zu Beginn jeder Einheit eine mündliche Prüfung durch, die vor jedem Militärgericht standgehalten hätte: Bereits im Vorfeld hatte sie eine Liste aus fünf Namen in ihr Heft notiert. Diese wurden der Reihe nach aufgerufen und erhielten exakt eine Frage aus dem Lernstoff. Nach erfolgter Antwort notierte sie kommentarlos ein Plus oder ein Minus in ihr Heft. Der Schüler selbst erhielt kein Feedback. Außer, wenn die Klasse lachte, weil die Antwort gänzlich daneben war – dann zog sie eine Augenbraue hoch und die Mundwinkel erbost nach unten, bevor sie ein dickes Minus zu Papier brachte.

Für mich war diese Erfahrung zwar unangenehm, jedoch äußerst spannend zu beobachten. In der Klasse spekulierten wir darüber, warum sich die Dame so autoritär und unnahbar gab. Wir kamen zu dem Schluss, dass sie wahrscheinlich einfach Angst hatte, ihr könne jemand zu nahe kommen oder ihre Autorität untergraben. Ich hatte das Vergnügen mit dieser Lehrerin übrigens vier Jahre lang – und lernte eine Menge nicht nur über Geschichte, sondern auch über autoritäre Führung.

Später kam ich im Zuge meines Studiums mit unterschiedlichen Kommunikationsmodellen in Berührung. Eines davon verwende ich heute noch gerne, wenn es darum geht, Respekt zu gewinnen und trotzdem Platz für Menschlichkeit und Beziehung zu lassen. Es ist das Lovemarks-Modell, das der langjährige CEO des Beratungsunternehmens und Werbegiganten Saatchi & Saatchi, Kevin Roberts, entwickelte. Das Modell versucht zu erklären, warum Kunden bestimmten Marken ein Leben lang treu bleiben, auch wenn sie einmal enttäuscht wurden. Der Schlüssel ist: Konsumenten lieben diese Marken. Coca Cola, Nutella und Haribo sind ebenso Beispiele wie Apple-Produkte. Bevor es um Respekt, also um die Qualität des Produktes, die korrekte Dokumentation oder die sachliche Leistung geht, muss eine Beziehung geschaffen werden. Und diese Beziehung ist höchst menschlich: Sie muss Vertrauen schaffen und Emotionen auslösen. Genau darauf fokussieren erfolgreiche Marken – sie kommunizieren über Bilder von Freundschaft, Sinnlichkeit und schönen Momenten. Erst dann kommen Zahlen, Daten und Fakten. Kennen Sie den Werbespruch von BMW? Der Spruch transportiert nicht: Wir sind ein deutsches Qualitätsprodukt!, sondern er lautet: Freude am Fahren.

Der Lovemarks-Effekt tritt aber nicht nur in der Markenkommunikation ein, sondern auch in der zwischenmenschlichen Kommunikation. Schaffen wir es, eine solide Beziehungsebene zu unserem Gegenüber zu bauen, entstehen Sympathie und Vertrauen. Wenn wir auf diese Beziehungsebene unsere Inhalte, also alles Sachliche und Leistungsbezogene, setzen, so erlangen wir eine nachhaltige Partnerschaft. Kein Mensch wird Ihnen beim ersten Date einen Ehevertrag vorlegen. Wenn wir uns für einen Menschen interessieren, bauen wir erst einmal eine Beziehung auf. Wir lernen uns Schritt für Schritt kennen, jeder erzählt seine Geschichte und fühlt, dass der andere ihm zuhört und sich für ihn interessiert. Wir stellen einander Fragen, gleichen Werte und Weltanschauungen ab. Wir präsentieren uns attraktiv für den anderen, um ihm äußerlich wie innerlich zu gefallen. Wir machen kleine Geschenke, tun dem anderen Gefallen und springen sogar über unseren eigenen Schatten, wenn es um alte Gewohnheiten geht. Das alles schafft Sympathie und Vertrauen. Respektieren und schätzen wir dann auch noch die Bildung, die fachliche Kompetenz unseres Gegenübers, ist der Weg für eine treue, lange Partnerschaft geebnet.

Übertragen wir diesen Effekt nun auf die Schule oder unser Unternehmen. Auch hier muss eine Beziehung zwischen den Menschen entstehen und müssen gemeinsame Werte geteilt werden. Das bedeutet keinesfalls, dass immer alle einer Meinung sein müssen, aber die Grundwerte müssen dieselben sein. Sonst ist Kommunikation nur über die autoritäre Schiene möglich – wie bei meiner Lehrerin. Ich bin überzeugt, dass viel mehr von dem wichtigen und interessanten Stoff in Erinnerung geblieben wäre, wenn wir uns als Schüler besser mit der Person der Lehrerin hätten identifizieren können. Wenn wir in irgendeiner Form Humor, Empathie oder Emotionen wahrgenommen hätten. Doch die Sorge davor, dass die Schüler ihre Autorität untergraben oder gar ihre Macht aushebeln könnten, war offenbar zu groß. So geht es uns auch in Unternehmen, in denen die Geschäftsleitung oder andere Vorgesetzte zu abgehoben sind, um die Mitarbeiter jemals zu erreichen. Sie schaffen durch ihr Auftreten hohe Distanz und schützen sich so davor, ausgenutzt oder angegriffen zu werden. Dass niemand sie mag und sie wenig gute Beziehungen haben, ist ihnen nicht so wichtig wie die Sicherheit, dass niemand sie von ihrem Thron stürzen kann.

Das mag überzeichnet wirken, dennoch bin ich sicher, dass auch Sie eine oder mehrere Personen kennen, die diesem Bild entsprechen:

- Lieber zu sachlich als zu nett,
- lieber etwas strenger als zu mild,
- lieber zu konservativ gekleidet, als lächerlich zu wirken,
- lieber den Text herunterlesen, als einen Fehler beim freien Sprechen zu machen,
- lieber beim förmlichen Sie bleiben, als durch das Du Respekt einzubüßen.

Was dahintersteht, sind persönliche Zweifel und Ängste. Das spürt das Umfeld unbewusst und hält Abstand. Mit Charisma und attraktiver Ausstrahlung hat das leider nichts zu tun, und Menschen, die sich so verhalten, werden auch weniger Sympathie erhalten. Wie können Sie nun beides – Beziehung und Respekt – so kombinieren, dass Sie charismatisch, sympathisch und dennoch selbstbewusst wirken? Beginnen Sie bei Ihrer inneren Einstellung und arbeiten Sie sich nach außen. Bevor ich eine Bühne betrete oder in ein Coachinggespräch gehe, mache ich mir bewusst, wie sehr ich mich auf die Menschen, denen ich gleich begegnen werde, freue. Ich bin mir im Klaren darüber, dass sie mir ihre Zeit schenken – das Wertvollste, das sie besitzen. Ich bin mir außerdem im Klaren darüber, dass sie etwas lernen wollen – und nicht müssen. Das ist auch der Unterschied zu der überautoritären Lehrerin: Menschen lernen freiwillig, wenn sie Begeisterung und Nutzen gleichzeitig wahrnehmen!

Die innere Einstellung strahlt nach außen, sie verleiht Ihnen Ausstrahlung. Eine helle Mimik, ein freundliches Lächeln, eine positive Stimme – das alles schafft eine positive Beziehungsebene. Ihr Gegenüber muss spüren, dass es Ihnen tatsächlich wichtig ist und Sie nicht nur ein aufgesetztes Verhalten zeigen, um etwas zu bekommen. Und wir Menschen haben sehr feine Antennen für aufgesetztes Verhalten! Im nächsten Schritt bringen Sie die Inhalte: wertschätzend nach den Interessen Ihres Gegenübers aufgebaut, relevant und prägnant. Damit zeigen Sie Ihre Kompetenz und holen sich Respekt ab. Mit diesem Vorgehen erreichen Sie eine partnerschaftliche Kommunikation und eine solide Basis, die auch Kritik und Meinungsverschiedenheiten, sogar heftigen Diskussionen, standhält. Es ist wie unter guten Freunden: Von ihnen akzeptieren wir Kritik, wir sind ihnen nicht – oder zumindest nicht lange – böse. Weil wir uns gegenseitig kennen und schätzen. Diese Basis können und sollten Sie in jedem Gespräch, jedem Meeting und bei jedem Vortrag aufbauen. Kommt es trotzdem zu kritischen Situationen oder Angriffen einzelner Teilnehmer, können Sie diese offen ansprechen und kontern und müssen keine Sorge haben, dass Ihnen sofort die Autorität abhandenkommt. Denn Ihr Publikum hat Ihre Führung schon längst akzeptiert.

**Was ist Ihre persönliche Art, gute Beziehungen herzustellen?
Bei welchen Personen möchten Sie lieber auf Distanz bleiben? Was ist der Grund dafür?**

Vom Opfer zum Strategen: Sie haben die Wahl

In einer meiner letzten Vorlesungen an der Uni beobachtete ich eine kleine Gruppe Studierender, die sich tuschelnd unterhielten. Das kommt öfter vor und ist für mich kein Grund, sofort mahnend oder von oben herab zu reagieren. Normalerweise spreche ich die Personen an und frage nach, ob ein Punkt für sie offengeblieben ist oder sie eine Verständnisfrage haben. Doch diesmal sah ich, dass die Blicke der schwätzenden Studenten immer in Richtung eines Kollegen gingen, der mit sichtbarem Fleiß die Lehrinhalte mitnotierte. Also entschied ich, ihr Verhalten gleich in den Unterricht einzubinden. Freundlich fragte ich sie: »Mir fällt auf, ihr habt gerade eine rege Diskussion – erzählt mal, worum geht es?«. Sie fühlten sich ertappt und lachten verlegen. Eine Studentin gestand schließlich: »Ehrlich gesagt haben wir uns über den Fritz lustig gemacht, weil der so ein Opfer ist!«. Mit Blick zu dem fleißigen Kollegen sagte sie kleinlaut: »Sorry Fritz, nichts für ungut!«. Ich erkannte rasch das kollegiale Geplänkel und wusste, ich musste mir wegen Fritz keine Sorgen machen. Doch spannend fand ich, dass der Ausdruck »Opfer« Einzug in die Alltagssprache gefunden hat, als Metapher für Menschen, die zu konform sind, sich zu viel gefallen lassen oder ungewollt in eine nachteilige Situation geraten. Für Fritz hatten die boshaften Kollegen diese Bezeichnung gewählt, weil er ihrer Meinung nach gar zu strebsam war. Gemeinsam erläuterten wir dann im Laufe der Vorlesung, wie Opferrollen entstehen und welche Wahl wir selbst haben, wenn wir Angriffe realisieren.

Die wichtigste Erkenntnis möchte ich Ihnen hier ans Herz legen: Sehen Sie sich nicht als Opfer, sondern steigen Sie strategisch in das Spiel ein! Fragen Sie entweder zurück, was der andere mit seiner Aussage meint oder wie er darauf kommt. So muss sich Ihr Gegner rechtfertigen. Möchten Sie ihm keine Redeanteile geben, so können Sie seine Aussage einfach abtun: »Wie du meinst« oder »Das sehe ich nicht so« grenzt Ihre Meinung klar von der des Gegners ab. Wenn Sie wollen, dass der andere sein Verhalten ändert, weil es um wiederholte Störfaktoren geht, dann gehen Sie nach dieser Reihenfolge vor: Beschreiben Sie, was Sie wahrnehmen und wie es Ihnen mit der Situation geht. Sagen Sie, was Ihnen wichtig ist und was Sie brauchen. Das ist kein Zeichen von Schwäche – im Gegenteil: Sie visualisieren so Ihre Vorstellungen und geben einen Weg vor. Diese Form der Kommunikation können Sie übrigens auch bei eingefahrenen Mustern verwenden.

So erzählte mir meine Kundin Paula mit höchster Begeisterung von einem persönlichen Durchbruch in ihrer langjährigen Ehe:
»Es war von Anfang an vereinbart, dass ich mich verstärkt um den Haushalt kümmere. Ich wollte das selbst so, es entspricht meinem traditionellen Verständnis. Deshalb arbeitete ich weniger Stunden in meinem Job, während mein Mann seine eigene Kanzlei aufbaute und sehr erfolgreich ist. In den letzten Jahren wurde ich dann doch zunehmend unzufriedener, weil mein Mann beruflich etwas kürzertrat und dennoch im Haushalt keinen Finger krumm machte. Selbst wenn wir Gäste hatten, spielte er den großen Zampano und amüsierte sich, während ich ständig lief, servierte, abservierte, die Gläser nachfüllte. Ich begann, vor den Gästen sarkastische Kommentare zu machen, was ihm natürlich gar nicht gefiel und jedes Mal mit einem handfesten Streit endete. Irgendwann sah ich, dass dies zu nichts außer Unmut führte und sich nichts änderte. Also versuchte ich es eines Tages mit der Technik, die du mir ans Herz gelegt hast: Ich schilderte meinem Mann die Situation und meine Gefühle. Dann bat ich ihn, mir an diesem Abend bei der Gästebewirtung zu helfen. Und er tat es. Ganz einfach, ohne Diskussion. Beim nächsten Anlass machte ich es genauso: ›Hilfst du mir bitte mit den Tellern?‹ Und er tat es wieder, ganz selbstverständlich. Mittlerweile weiß ich, dass ich einfach konkrete Bitten formulieren muss, statt zynische Kommentare zu machen. Das Schönste aber ist: Neulich haben ihn Freunde auf seine Mithilfe angesprochen, und er war sogar stolz darauf!«

Für mich sind das die wertvollsten Beispiele und schönsten Geschichten, wenn Menschen erkennen, dass sie Strategen in ihrem Leben sind. Dass sie Probleme und Verhalten einfach ansprechen können, anstatt sich zu verstecken oder immer unzufriedener zu werden. Egal, ob Sie im privaten oder im beruflichen Umfeld damit beginnen – zeigen Sie Flagge, übernehmen Sie die Führung für die Themen, die Ihnen wichtig sind. So machen Sie Ihren Erfolg nicht von anderen abhängig und können bald erste Früchte ernten.

CHECK PUNKT

Übernehmen Sie die Verantwortung für Ihre Kommunikation, indem Sie

- **bewusst den Mix aus Sympathie und Respekt einsetzen,**
- **nicht erwarten, dass der andere errät, was Sie wollen,**
- **aus Ihrer Sicht und Ihren Bedürfnissen sprechen,**
- **klare Bitten formulieren, statt anzuklagen,**
- **sich als Strategen sehen, nicht als Opfer.**

Sie selbst entscheiden, welches Maß Sie bei Angriffen anlegen. Gelassenheit, Eloquenz und eine Prise Humor sind dabei die beste Voraussetzung.

3.5 Treffend kontern – und die Führung behalten

Es war kurz vor meinem Auftritt. Während mich der technische Assistent hinter der Bühne verkabelte, also mein Headset in Betrieb nahm, dachte ich voll Freude an mein Publikum. Ich stellte mir vor meinem inneren Auge vor, wie ich auf die Bühne treten, offen lächeln und all die wunderbaren Menschen begrüßen würde. Das ist mein persönliches Ritual, das ich vor jedem Auftritt pflege: Schenke eine positive Einstellung, und dein Publikum beschenkt dich genauso. Plötzlich riss mich der Techniker aus meinen Gedanken: »Verdammt! Das Mistzeug funktioniert schon wieder nicht!«, fluchte er zornig. Ich überlegte kurz und äußerte meinen Verdacht: »Vielleicht ist es die Batterie, das ist mir schon öfter passiert.« Das hätte ich lieber nicht sagen sollen, denn es brachte den Techniker erst recht in Rage. »Lassen Sie mich hier meinen Job machen, ich mische mich auch nicht in Ihren!«, blaffte er mich an. Seine heftige, unfreundliche Reaktion ärgerte mich. »Wie Sie meinen«, gab ich zurück und ließ den Mann seinen Job machen. Es stellte sich heraus, dass es tatsächlich an der Batterie lag, doch ich hielt einen triumphierenden Kommentar tunlichst zurück. Als ich schließlich auf die Bühne trat, trug ich das Erlebnis unwillkürlich mit. Ich wusste, mein Publikum würde es nicht merken, doch ich war durcheinander, hatte Zweifel, ob ich meinen Humor und meine Ausstrahlung auch heute würde transportieren können. Die Zweifel waren unbegründet – der Vortrag lief bestens. Dennoch gab mir dieses Erlebnis zu denken. Das unfreundliche Benehmen und der Angriff des Technikers hatten meine Stimmung sofort getrübt. Und obwohl ich gekontert hatte, trug ich Spuren davon noch mit auf die Bühne.

Ich bin sicher, der Techniker wollte nicht mir persönlich den Auftritt vermiesen, doch er war offenbar ein reizbares Gemüt oder hatte einfach einen schlechten Tag. Ich sprach mit einigen Berufskollegen über dieses Erlebnis und kam zu einer essenziellen Erkenntnis, die ich Ihnen in diesem Kapitel weitergeben möchte. Es geht immer auch um unsere innere Haltung und speziell um die Erlebnisse, die wir VOR einem wichtigen Gespräch oder Auftritt haben. Mehr als uns bewusst ist, prägt das Erlebte unseren Umgang mit uns selbst

Wer Fäuste einsetzt, muss selbst mit einem blauen Auge rechnen.

und unseren Mitmenschen. Oft entscheidet es über unseren Verhandlungserfolg. Deshalb gilt es, diesen Mechanismus zu erkennen und uns bestmöglich vorzubereiten. Der ehemalige FBI-Verhandlungsstratege Chris Voss drückt es so aus: Wenn du erst am Verhandlungstisch sitzt, fällst du auf den besten Level deiner Vorbereitung zurück. Alles ist anders in der Echtumgebung – wir kennen das, wenn wir uns bestimmte Gespräche vorab ausmalen: Mutig und selbstbewusst werden wir unser Ziel kommunizieren, der andere wird erstaunt sein! Doch dann kommt ein unerwarteter Kommentar, eine plötzliche Breitseite, und wir stecken fest mit unserer Strategie. Sind wir jedoch perfekt vorbereitet, dann gehen wir mit einem positiven, starken Gefühl in das Gespräch und lassen uns nicht so schnell aus dem Konzept bringen. Schließlich geht es darum, Führung zu behalten und die eigenen Ziele durchzusetzen. Das gelingt nur, wenn wir beherzt den Weg vorgeben und in allen Facetten unserer Kommunikation zeigen, dass wir davon vollkommen überzeugt sind.

Wie wir über uns selbst denken

Als ich ein Kind war, habe ich Zeichentrickfilme über alles geliebt. Sie brachten das Leben auf eine Art und Weise auf den Punkt, die mich faszinierte. In einfachen Vergleichen wurden zum Beispiel die inneren Stimmen vor einer wichtigen Entscheidung dargestellt: Donald Duck hatte plötzlich auf jeder Schulter ein Alter Ego – auf einer Seite den Teufel, auf der anderen den Engel. Die beiden begannen über seinen Kopf hinweg zu streiten, wie Donald handeln sollte, wobei jeder seine Argumente vorbrachte. Diesen Prozess kennen wir heute als Selbstzweifel und Selbstsicherheit: Während uns die eine innere Stimme stets zuzuflüstern versucht: »Lass es lieber, das schaffst du nicht! Tu es nicht, am Ende wirst du ausgelacht!«, sagt uns die andere Stimme: »Komm, probiere es einfach. Jedes Vorhaben beginnt mit dem ersten Schritt! Du wirst das super machen.« Die Entscheidung, welcher Stimme wir Gehör schenken, liegt ganz allein bei uns. Ich mache im Coaching immer wieder die Erfahrung, dass sich die Prophezeiungen tatsächlich erfüllen. Wer seinem inneren Kritiker zu viel Aufmerksamkeit schenkt, geht genau mit diesem Gefühl zum Beispiel in eine Präsentation: »Oje, ich muss wieder im Meeting präsentieren. Da sitzen noch dazu mein Chef und der neidische Kollege am Tisch – das wird ein Desaster, denn im Präsentieren war ich noch nie gut!« Glauben Sie, dass die Präsentation unter dieser Voraussetzung gut gelingen wird? Eher nicht. Mit hoher Wahrscheinlichkeit ist der Präsentierende schon vorweg nervös und nicht von sich überzeugt. Leider überträgt sich diese Stimmung auf das Publikum, und es wird ebenfalls nicht überzeugt sein. Das Ergebnis ist schließlich unbefriedigend. Und der unerbittliche innere Kritiker tippt uns auf die Schulter und erinnert uns: »Hab ich dir doch gleich gesagt, dass das nichts wird!«

Wer sich hingegen für den Mutmacher, die positive Stimme entscheidet, der sieht es ganz anders: »Nächste Woche ist dieses wichtige Meeting, in dem mein Chef und der herausfordernde Kollege sitzen. Da werde ich so richtig liefern und nehme mir deshalb Zeit und Unterstützung bei der Vorbereitung.« Das Ergebnis wird auf jeden Fall ungleich besser ausfallen! Und der innere Mutmacher wird uns bestätigen: »Siehst du, du kannst es ja!« Dieser Prozess ist ein Kreislauf, der ständig in Bewegung ist, ein wahres Perpetuum mobile unserer Gedanken uns selbst gegenüber und was wir damit nach außen tragen. Wachstum und der Mut, aus der Komfortzone herauszutreten, beginnen stets mit einer Entscheidung. Einer Entscheidung, welche Ihrer inneren Stimmen Sie folgen werden. Zweifel führt zu verminderter Leistung und schwächerer Wahrnehmung – das lässt Sie noch mehr zweifeln und führt beim nächsten Mal zu noch minderer Leistung. So geht es langsam abwärts, bis Sie sich gar nichts mehr zutrauen.

Kommt es dann noch zu einer unerwarteten Frage oder Situation, ist der Fluchtreflex so stark, dass es Ihnen geht wie Jenny, als sie bei ihrem Einkaufsbummel in der Stadt von einem jungen Mann angehalten wurde, der mit Mikrofon und Kamera unterwegs war, um für seine YouTube-Show ahnungslose Passanten zu befragen:
»Es ist mir furchtbar peinlich, und ich hätte nie gedacht, dass ich in eine solche Situation komme. Doch der Typ hielt mir Kamera und Mikrofon vors Gesicht und fragte: ›Wie alt bist du?‹. Das brachte ich gerade noch hervor. Doch es ging weiter: ›Wenn du vor sechs Jahren geboren wärst, wie alt wärst du dann heute?‹ Ich konnte es nicht beantworten, wollte nur weg. ›Das ist eine Fangfrage!‹, rief ich

und flüchtete. Nachher griff ich mir an die Stirn und ärgerte mich über meine eigene Dummheit. War ich doch glatt beim Idiotentest durchgefallen! Ich hatte mir auch überhaupt keine Zeit genommen, um nachzudenken, weil ich ja weiß, dass ich in Mathematik noch nie gut war.«

Hier ist der springende Punkt: Jenny zweifelt – wie so viele Menschen – an ihren eigenen Fähigkeiten. Allein in meinem Bekanntenkreis gibt es so viele Menschen, die von sich behaupten: In Mathe bin ich eine Null. Diese Einstellung führt dazu, dass selbst bei einfachsten Aufgaben ein extremer Fluchtreflex eintritt. Wir weichen aus, statt nachzudenken, wir meiden die Aufgabe, statt sie zu hinterfragen und anzugehen. Deshalb steht die bewusste Entscheidung am Anfang. Sie könnte in Jennys Fall lauten: »Die Klassenbeste in Mathe war ich bestimmt nicht. Aber ich habe die Schule geschafft und bin bisher gut durchs Leben gekommen, damit bin ich zumindest im Durchschnitt.« Zweifeln Sie nicht bei jeder Aufgabenstellung an sich selbst, sondern sehen Sie sich erst einmal die Aufgabe an. Vielleicht brauchen Sie Zeit oder Unterstützung bei der Lösung – na und? Trauen Sie sich etwas zu und legen Sie den Fokus auf Ihre Stärken. Dann sitzen Sie fest im Sattel und verlieren in herausfordernden und überraschenden Momenten nicht den Halt.

Welche Eigenschaften zeichnen Sie aus, was können Sie besonders gut? Worin sind Sie nicht gut, möchten es aber sein? Und was können Sie tun, um diese Defizite auszugleichen?

Fragen öffnen und am Wort bleiben

Sobald Sie es geschafft haben, Ihre innere Einstellung anzupassen, sind Sie bereit, gezielt Techniken einzusetzen. Wir haben bereits über die Rückfrage-Technik gesprochen, indem Sie einfach mit »Wie meinst du das?« oder »Wie darf ich das verstehen?« kontern. Doch nicht immer wollen wir dem anderen Redeanteile geben, sondern lieber selbst am Wort bleiben. Daher müssen wir uns in die weiten Gefilde der unfairen Rhetorik begeben.

Der erste Schritt, in diese Welt einzutreten, ist das Erlernen der Paraphrase. Sie gibt uns die Möglichkeit, geschlossene Fragen zu öffnen und daraus eine rhetorische Frage zu bilden, die wir selbst beantworten. Geschlossene Fragen haben zum Ziel, dass unser Gegenüber uns zu einer bestimmten Antwort oder Meinung führt, auf die es dann immer wieder referenzieren kann. »Du hast ja damals gesagt, dass ich Aktien kaufen soll!« können Sie sich möglicherweise noch Jahre später anhören, weil Ihr Schwager Sie einmal gefragt hat: »Was soll ich jetzt kaufen, Aktien oder Anleihen?«. Hätten Sie damals eine Paraphrase eingesetzt, wären Sie auf der sicheren Seite gewesen: »Was sind die Vor- und Nachteile beider Möglichkeiten? Also, bei Aktien ...«. Klar, die Paraphrase bedarf etwas Übung, ist aber ein ungeheuer eloquentes Instrument. Der Trick ist, aus geschlossenen Fragen immer eine Was- oder Wie-Frage zu bauen und diese dann selbst zu beantworten. »Ist Frau Maier die richtige Wahl für die Stellenbesetzung?« beantworten Sie mit »Wie sieht die optimale Stellenbesetzung aus? Erstens ...«. Nun können Sie am Schluss noch immer Ihre Meinung abgeben, aber durch die einleitende Paraphrase begründen Sie sie und setzen sich nicht ad hoc dem Frage-Antwort-Spiel aus. Denn wenn Sie alle Fragen immer sofort beantworten, kommen Sie rasch in das Dilemma, dass der andere sich in der Zwischenzeit immer neue Fragen überlegt und Sie nur mehr liefern. So fallen Sie sukzessive aus der Führung – ähnlich, wie es Claudia ergangen ist.

Hätte ich doch nur!

Immer wieder wurden in den vergangenen Monaten Beschwerden an Claudia herangetragen, dass ihre Mitarbeiterin Pia sich unkooperativ verhielt, ihre Arbeitszeitaufzeichnung manipulierte und sich zur Krönung auch noch wichtige Dokumente aus der Firma ins Homeoffice mitnahm, wodurch der Zugriff durch andere unmöglich wurde. Pia hat sich damit ganz eindeutig ihr Imperium gesichert und mit dem Horten der Dokumente bei sich zu Hause eine Abhängigkeit der Firma erzeugt. Ihre Vorgesetzte Claudia wusste bereits im Vorfeld, dass ihr diesbezügliches Gespräch mit Pia nicht einfach sein würde, und bereitete sich intensiv auf die Unterredung vor.

Claudia leitet das Gespräch vorbildlich ein und äußert zum Auftakt einige positive Aspekte an der Zusammenarbeit mit Pia. Dann geht Sie direkt ins Feedback und spricht die Kritikpunkte an. »Das soll jetzt also heißen, dass du nicht zufrieden mit mir bist?«, unterstellt Pia sofort. Claudia verneint das und fährt konsequent mit ihren Ausführungen fort. Am Schluss weist Claudia auf die Arbeitszeitaufzeichnungen und die gehorteten Dokumente hin und erklärt den Ernst der Lage in der Abteilung. »Dann soll ich künftig also nur mehr Dienst nach Vorschrift machen?«, fragt Pia beleidigt. Was auch immer Claudia anspricht, rasche und scharfe Gegenfragen ziehen sich durch das Gespräch, und irgendwann erkennt Claudia, dass Pia sie geschickt steuert – nämlich hin zu dem von Pia gewünschten Ergebnis, dass alles ja nicht so schlimm sei und Pia so gut wie nichts an ihrem Verhalten ändern muss. Am Schluss säuselt Pia wohlwollend: »Ist es in Ordnung für dich, Claudia, wenn ich mir künftig die Dokumente nur elektronisch fürs Homeoffice zusende?«. Von dem Gespräch erschöpft gibt Claudia Pia ihren Sanktus: »Ja, in Ordnung.«

Erst hinterher wird Claudia klar, dass sie ihr Kommunikationsziel völlig aus den Augen verloren hat und sich durch Pias Fragen von ihr leiten ließ. Nun wird es weitergehen wie bisher, das weiß Claudia schon jetzt. Und wenn sie abermals kritisiert, wird Pia sich auf dieses Gespräch beziehen. Wie konnte sie nur so blind sein? Claudia, die toughe Vorgesetzte, ist in die Falle getappt. Aber mit dieser perfiden Art der Gesprächsführung hat sie wirklich nicht gerechnet. Wutschnaubend schlägt sie mit der Faust auf ihren Schreibtisch. Hätte sie doch nur das Spiel sofort durchschaut und die Führung behalten!

Was auf den ersten Blick nicht wie ein Angriff aussieht, ist eine gewiefte Taktik, um anderen das Wasser abzugraben: Pia stellt Thesen auf, die Claudia nur mit Ja oder Nein beantworten kann, also geschlossene Fragen. Aus der Verhandlungsführung kennen wir die Technik, dass wir den anderen im Schnitt dreimal auf ein Nein führen, um am Schluss das Ja zu erhalten. Genau diese Technik wendet Pia an. Hier gilt maximale Achtsamkeit, wenn Sie bemerken, dass jemand Ihnen ständig Fragen stellt. In Claudias Fall hätte sie bereits auf die erste Unterstellung (»Soll das heißen, dass du nicht zufrieden mit mir bist?«) mit einer Paraphrase reagieren sollen, denn das Nein war eine Rechtfertigung. Kontert Claudia mit »Was genau meine ich damit? Zum einen ... zum anderen ... Genau um diese Punkte geht es mir«, so bleibt sie in Führung und kann ihre Botschaft sogar noch einmal wiederholen. Sofort mit Ja oder Nein zu antworten, ist selten eine gute Wahl – vor allem, wenn Sie in Führung bleiben wollen. Bitte verstehen Sie mich nicht falsch, Sie müssen sich nicht aus jeder Entscheidungsfrage herauswinden, aber geben Sie Ihrer Entscheidung eine Bühne, indem Sie sie vorher einleiten und nicht erst nachher erklären. »Wie sieht meine Meinung dazu aus? Einerseits ... andererseits ... Und daher ein klares Nein von mir«, hat viel mehr Gewicht als: »Nein, weil ...«. Mit dieser Argumentation gleiten Sie rasch in die Rechtfertigung ab.

Wie bereits erwähnt, die Paraphrase braucht etwas Übung. Doch sie schenkt Ihnen die Freiheit, Ihren Weg weiterzuverfolgen, und lässt Sie überlegt und konsequent wirken. Ihre Antwort bekommt Bedeutung, und Sie gewinnen Redeanteile. Versuchen Sie es, wenn das nächste Mal jemand Sie um Ihre Einschätzung bittet – das muss gar keine kritische Situation sein, sondern kann auch in einem freundschaftlichen Gespräch stattfinden.

Welche Entscheidungsfragen werden Ihnen häufig gestellt?
Wie haben Sie bisher reagiert?

Und es hat Zoom gemacht

Wenn es darum geht, Ziele zu erreichen, brauchen wir einen klaren Fokus. Manche Menschen versuchen jedoch, uns durch Ablenkungsmanöver vom Weg abzubringen oder Unterstellungen zu positionieren. Wenn Sie im Meeting zum Beispiel über einen neuen Prozess für die Produktion sprechen und Ihre Kollegin kommentiert »So etwas bräuchten wir in der Logistik auch endlich einmal!«, dann verschiebt sie den Fokus. Steigen Sie jetzt darauf ein, lenken Sie die gesamte Gruppe vom Thema weg. Dasselbe passiert, wenn Sie ein Angebot präsentieren und Ihr Gegenüber sagt: »Das ist viel zu teuer!«. Wenn Sie darauf einsteigen, sind Sie dort, wo kein Verkäufer landen möchte: Bei einer Diskussion über den Preis.

Erfahrene Rhetoriker wenden hier den Wechsel auf die Metaebene an, den ich gerne als Zoom-Technik bezeichne. Das Vorgehen ist ganz einfach: Sie zoomen aus der Situation heraus und blicken gemeinsam mit Ihrem Gegenüber von oben darauf. Einleiten können Sie die Zoom-Technik mit den Worten: »Schauen wir uns gemeinsam an, worum es geht« oder »Sehen wir uns gemeinsam an, was heute unser Thema ist« – das wirkt deutlich wertschätzender als »Bleiben wir bitte beim Thema«. Und es nimmt den anderen an der Hand, vermittelt also, dass Sie ihn mit seinen Einwänden abgeholt haben. Sie können Zoom auch mit einer Paraphrase kombinieren und die Aussage umformulieren. Bei der Aussage »Das ist viel zu teuer!« kontern Sie: »Sehen wir uns die Vorteile für Sie an.« Vermeiden Sie vermeintlich schlaue schlagfertige Antworten wie »Qualität hat eben ihren Preis« – diese Aussage wirkt von oben herab und wird bei Ihrem Gesprächspartner nicht gut ankommen. Außerdem sind Sie jetzt erst recht beim Preis angelangt und verlieren sich in der Diskussion darüber, wie hoch dieser denn bei der gebotenen Qualität sein dürfe. Merken Sie den Unterschied? Wir kaufen meist nicht wegen eines bestimmten Preises, sondern weil ein Angebot den größten Nutzen für uns bringt – sei es Mehrwert, Erfolg oder Prestige.

Bei Unterstellungen bleiben Sie ebenfalls bei Ihren Zielen, wenn Sie Zoom anwenden. »Du willst mich doch nur überreden, weil du noch niemanden hast, der dir bei dem Projekt hilft!« parieren Sie mit »Schauen wir uns an, worum es mir wirklich geht.« Jetzt können Sie erklären und fallen nicht in die Rechtfertigung. Wenn Sie die Technik schon gut einsetzen können, kombinieren Sie sie doch auch hier wieder mit der Paraphrase: »Sehen wir uns gemeinsam an, warum genau du die perfekte Besetzung für dieses Projekt bist.« So kommen Sie noch fokussierter und ohne Umwege an Ihr Ziel. Die Zoom-Technik hat sich auch in kritischen Situationen bewährt, weil sie deeskalierend wirkt. Durch die Vogelperspektive sind Sie und Ihr Gegner nicht mehr direkt im Problem, sondern beobachten und bewerten das Thema gemeinsam. Das kann Wunder wirken, besonders, wenn starke Emotionen im Spiel sind. Im Verhandlungskonzept der Harvard Business School heißt es: »Hart in der Sache, weich zum Menschen« – so kommen Sie am schnellsten an Ihr Ziel. Denn wenn Sie einen Menschen nicht abholen oder ihn gar verletzen, können Sie auch kein Entgegenkommen erwarten.

Wann hat Sie das letzte Mal jemand von Ihrem kommunikativen Ziel abgebracht?
Wie hat diese Person das erreicht?
Was würden Sie heute tun, um das zu verhindern?

Achtung – geheime Erkennungscodes

Wir haben bereits verschiedene Verpackungen von Angriffen kennengelernt: vom kritischen Infragestellen über Unterstellungen und Klischees bis hin zu vermeintlichen Scherzen, die auf Kosten einer Person gehen. Begeben wir uns daher auf die Suche nach Erkennungscodes verschiedener Angriffsarten und sehen uns an, wie Sie am besten reagieren.

Code 1: Die Körpersprache. Sie zeigt oft bereits im Vorfeld, dass ein Angriff kommt. Ein erhobenes Kinn, schmale Augen und Lippen sind genauso Indizien wie verschränkte Arme bei zurückgelehnter Haltung oder bewusstes Über-den-Tisch-Lehnen. Auch die Stimme verändert sich bei Angriffen, der Tonfall unterscheidet sich deutlich vom üblichen Rededuktus. Stellen Sie sich als Beispiel folgenden Satz in unterschiedlichen Körperhaltungen und Betonungen vor: »Das war aber eine tolle Leistung!«

Code 2: Das Wording. Sätze, die die Wörter »immer«, »nie«, »schon wieder«, »eigentlich«, »überhaupt«, »sowieso«, »im Ernst«, »wirklich«, »etwa« oder »etwa nicht« enthalten, sind fast immer Vorwürfe oder Unterstellungen. Wenn Sie die Wörter »typisch«, »unsereins«, »ihr« (ihr von der Buchhaltung, ihr Frauen, ihr Männer et cetera) hören, folgen meist Ausgrenzungsmanöver und Klischees.

»Bei euch erreicht man nie jemanden.«
»Glaubst du im Ernst, dass du damit durchkommst?«
»Unsereins muss für dieses Monatsgehalt ein halbes Jahr arbeiten!«

Code 3: Die Fragen. Stellt Ihr Gegenüber häufig Warum-Fragen, können Sie mit einer Anklage rechnen. Das Wörtchen Warum drängt andere zur Verteidigung, übrigens egal in welcher Sprache der Welt es benutzt wird.

»Warum hast du dir das nicht angesehen?«
»Warum kann ich nicht einfach meine Ruhe haben?«
»Warum kaufen wir nicht bei einem anderen Anbieter?«

Seien Sie auch achtsam, wenn Ihr Gegenüber allzu viele Fragen stellt. Denn es ist nicht immer Interesse, sondern bei manchen auch schiere Neugierde, die dazu führt, dass Sie möglicherweise Informationen herausgeben, die Sie eigentlich für sich behalten wollten. Suggestivfragen sind ebenfalls eine spannende Kategorie, weil sie andere dazu drängen, sich zu verteidigen oder zu rechtfertigen. »Du findest es also gut, dass jetzt zwei Abteilungen zusammengelegt wurden und wir noch mehr Arbeit haben?« Wenn Sie hier ungeübt sind, fallen Sie rasch in die Rechtfertigung. Doch Suggestivfragen werden auch gerne zur Manipulation eingesetzt: »Glaubst du nicht auch, dass es besser wäre, wenn wir ...« lenkt das Gegenüber bereits in eine bestimmte Richtung.

Lernen Sie, Angriffsmuster zu decodieren, dann können Sie entspannt zum Konter schreiten. Die beste Methode ist beobachten und zuhören – Kompetenzen, die häufig unterschätzt werden. Damit zeigen Sie zum einen Wertschätzung, zum anderen haben Sie Zeit, punktgenau zu reagieren. Denken Sie daran: Sie sind nicht auf der Flucht, widerstehen Sie dem Drang, schnell Ihre Botschaft anbringen zu müssen. Achten Sie stattdessen auf die versteckten Codes, so wissen Sie auch gleich, ob und wie Ihre Botschaft angekommen ist, und können eventuell noch Informationen nachliefern – oder Zweifel durch einen treffenden Konter aus dem Weg räumen.

Wie können wir nun reagieren, wenn wir einen oder mehrere dieser Codes entdecken? Wir haben ja bereits gesehen: Mit der Zoom-Technik und der Paraphrase gelingt es, rasch wieder den Fokus auf das eigentliche Thema zu lenken. Rückfragen sind ebenfalls eine gute Strategie, denn mit ihnen erfahren Sie viel über die Motive und die Denkweise Ihres Gegenübers. Die einfachste Rückfrage ist: »Wie meinst du das?«. So kann sich der andere noch einmal erklären. Etwas schärfer legen Sie die Rückfrage an, wenn Sie fragen: »Wie kommst du darauf? Wer sagt das?«. Oder überhaupt nur: »Sagt wer?«.

Hier ein Beispiel:
A: »Du als Mann verstehst von diesen Beauty-Themen zu wenig.«
B: »Wer sagt das?«

Nun muss sich A für das Klischee rechtfertigen. B hat gewonnen. Sie haben im Laufe dieses Buches sicher schon festgestellt, dass mir viel an Fragen liegt. Denn – je öfter Sie Fragetechniken einsetzen, desto mehr erfahren Sie über den anderen und bleiben in Führung.

Kontern mit Überraschungseffekt

Natürlich müssen Sie nicht immer mit Fragen kontern. Wir haben bereits festgestellt, dass Sie auch mit der Zoom-Technik und mit der Paraphrase reagieren können und so wertvolle Redeanteile gewinnen. Sehen wir uns zur Abrundung jedoch noch zwei Techniken an, die sich in meinen Coachings hervorragend bewährt haben.

Das Beispiel dafür liefert uns diesmal Jakob, der als strategischer Einkäufer bei einem Automotive-Zulieferunternehmen tätig ist:
»Es war vor einem Jahr, als ich direkt nach der Fachhochschule hier im Unternehmen gestartet bin. Mir wurde ein interner Mentor zugeteilt, der jedoch leider sehr beschäftigt war und deshalb wenig Geduld aufbrachte, meine Fragen zu beantworten. Wenn er gestresst war, wurde er schnell ungeduldig und sagte Sätze wie ›Das kann doch nicht so schwer sein!‹ oder ›Langsam müsstest du das wissen‹. Bald nervten mich diese Angriffe, doch ich brauchte laufend wichtige

Informationen von ihm. So habe ich begonnen, mich bei jeder Anfrage vorweg zu entschuldigen. Doch zufriedenstellend war das nicht. Heute brauche ich den Rat des Mentors nicht mehr, aber ich denke noch oft darüber nach, wie ich besser hätte reagieren können.«

Hier handelt es sich ganz klar um Angriffe auf Jakobs Kompetenz und Intelligenz. Noch dazu wurde er zum Bittsteller, wenn er sich schon vorab entschuldigte – und der Mentor fühlte sich in seinem gestressten Verhalten bestätigt. Es entsteht eine Spirale, die Jakob nur durch eine deutliche Verhaltensänderung und durch überraschende Kontertaktik aufhalten kann. Zum einen muss er Rechtfertigungen oder vorauseilende Entschuldigungen umgehend aus seinem Repertoire streichen. Reagiert sein Mentor dennoch ungeduldig, so kann er zum Beispiel die Gegenteil-Technik verwenden. Sie wird gerne bei Unterstellungen eingesetzt (»Das kann doch nicht so schwer sein!«) und funktioniert, indem Jakob einfach sagt: »Ganz im Gegenteil. Da hängt eine Menge tiefes Wissen und Übung daran!«. Das Geniale an dieser Technik ist: Die Worte können auch für sich allein stehen bleiben: »Ganz im Gegenteil.« Dabei gilt es, dem Drang des Weitersprechens zu widerstehen. Das Gegenüber hat somit wenig Möglichkeit, noch einen weiteren Angriff draufzusetzen.

Recht geben und appellieren: Diese Technik nutzt das Prinzip der Reziprozität. Sie geben der anderen Person recht, schätzen ihren Kommentar. Das löst bei Ihrem Gegenüber das Gefühl aus, Ihnen etwas zurückgeben zu müssen. Deshalb hängen Sie Ihren Appell oder Ihre Bitte daran. Damit wird es für den anderen schwierig, ein Gegenargument zu finden. In Jakobs Fall kann er dem Mentor recht geben und nun seine Bitte anhängen: »Da hast du vollkommen recht, und gerade deshalb brauche noch einige Informationen von dir.« Recht geben und appellieren funktioniert übrigens auch bestens bei Ablenkungsmanövern in Meetings, wenn eine Person versucht, den Fokus auf Randschauplätze zu lenken. Geben Sie ihr für ihren Kommentar ruhig recht und hängen Sie anschließend folgendes an: »... und gerade deshalb müssen wir uns jetzt auf XY konzentrieren.« So zeigen Sie Wertschätzung, behalten aber dennoch die Führung und Aufmerksamkeit der Gruppe.

Die beiden Techniken »Gegenteil« und »recht geben« sind einfache und sehr effektive Methoden, am Wort zu bleiben und den anderen mitunter zu überraschen. Wenn Ihr Kollege das nächste Mal neidvoll stichelt: »Na, geht es schon wieder auf Urlaub?«, dann kontern Sie: »Da hast du ganz recht, und gerade deshalb müssen wir uns jetzt um eine geordnete Übergabe kümmern.« Anschließend freuen Sie sich einfach über sein verdutztes Gesicht. Kontern lernen kann großen Spaß machen, vor allem, wenn Sie die ersten Erfolge einfahren und spüren, dass Sie die Führung behalten! Probieren Sie eine der Techniken aus und versuchen Sie sie für etwa dreißig Tage anzuwenden. Dann geht sie in eine Gewohnheit über und Sie können sich die nächste Technik vornehmen. Doch vergessen Sie nicht: Ihre positive Grundeinstellung ist viel wichtiger als alle Techniken! Fühlen Sie sich sicher und selbstbewusst, sind Sie gut vorbereitet, so reagieren Sie auch souveräner auf Anspielungen und Angriffe. Sind Sie vorab geschwächt, etwa durch ein negatives Erlebnis, so kann das deutliche Auswirkungen auf Ihre Leistung und Ihr Konterverhalten haben.

Ich durfte dieses Gefühl damals vor dem Auftritt erleben, als der übel gelaunte Techniker mich völlig unerwartet anfuhr. Da ich bereits mit einem Fuß auf der Bühne stand, hatte ich keine Möglichkeit mehr, die negative Stimmung voll auszugleichen. Sollten Sie in einen wichtigen Termin gehen, dann stellen Sie sich jedenfalls positiv ein! Freuen Sie sich auf den Termin, hören Sie Ihre Lieblingsmusik oder denken Sie an etwas Schönes. Rufen Sie sich bisherige Erfolge ins Gedächtnis und nehmen Sie ruhig auch eine kraftvolle Körperhaltung ein. Stolzieren Sie durch Ihr Büro, nehmen Sie die Schultern zurück oder heben Sie die Fäuste zur Sieger-Pose. Übertreiben Sie gerne dabei, natürlich nur, wenn Sie nicht den neugierigen Blicken Ihrer Kollegen ausgesetzt sind. Es gibt fast immer einen Ort, an dem man für einige Minuten ungestört sein kann – und wenn es das stille Örtchen ist. Sie werden überrascht sein: Ihre mentale Fähigkeit steigt dadurch sofort, denn Sie geben durch Ihre äußere Haltung die innere vor, suggerieren sich selbst: Ich bin gut! Ich werde super performen! Auch wenn Ihnen nicht danach ist, die Technik wirkt: »Fake it till you make it« lautet die Devise.

Wann haben Sie sich durch Worte schwächen lassen?
Welche Auswirkung hat es gehabt?
Was würden Sie heute dagegen unternehmen?

Investieren Sie in Ihre rhetorische Fitness

Haben Sie ein Abo in einem Fitnessstudio? Besuchen Sie regelmäßig Sportkurse und ernähren Sie sich bewusst? In meinem Umfeld jedenfalls lässt sich in den letzten Jahren ein deutlicher Trend zum Körperbewusstsein feststellen. Immer mehr Menschen bauen auf vegetarische oder vegane Ernährung, investieren eine Menge Geld in Nahrungsergänzungsmittel, Proteinpulver, Shakes, Kapseln, Ampullen und Tabletten. Der Output ist nicht bei allen Produkten wissenschaftlich haltbar, doch das spielt in den seltensten Fällen eine Rolle. Wichtiger ist das gute Gewissen, das wir damit kaufen. So machen wir die eine oder andere kleine Sünde wett und tragen zu einem positiven Lebensgefühl bei. Auch die Wellness- und Vitalitätsbranche entwickelt sich prächtig, da sie einen großen Vorteil bietet: Man kann diese Art von Wohlbefinden mit Geld kaufen. Vergleichen wir dies mit echter körperlicher Fitness, so wird es schon schwieriger: Eine bezahlte Mitgliedschaft im Fitnessstudio genügt nicht; wir müssen auch hingehen und trainieren, und zwar regelmäßig. Zusätzlich sollten wir noch Rad fahren, wandern, laufen – uns an der frischen Luft bewegen. Wir müssen viel selbst kochen, frisches Obst und Gemüse kaufen, es waschen, putzen, zubereiten. Das ist in Summe viel anstrengender, als Ampullen einzuwerfen.

Genau dasselbe Bild zeichnet sich bei persönlichen Kompetenzen ab: Es ist einfach, Vorträge und Seminare zu besuchen, Bücher zu lesen oder zu hören. Die Herausforderung kommt erst mit der Umsetzung: Hier sind ein starker Wille und Disziplin zum Dranbleiben gefragt. Doch ich habe in den vergangenen zehn Jahren immer wieder wunderbare Erfahrungen mit Menschen gemacht, die bereit waren, in ihre rhetorische Fitness zu investieren. Das heißt: Schritt für Schritt vorangehen, reflektieren, Neues ausprobieren. Und natürlich – Seminar und Coachings nutzen und viel lesen. So bleiben Sie dran und werden immer wieder motiviert. Die größte Motivation entsteht aber im bewussten Anwenden. Denn Rhetorik und Kontern sind Kompetenzen, die man nur in der Anwendung lernen und verinnerlichen kann.

Ein Beispiel ist Yvonne, die im Gespräch völlig unerwartet eine Breitseite kassierte, als sie sich für die intern ausgeschriebene Position als Teamleiterin bewarb:
»Ich war perfekt vorbereitet. Die Position der Teamleiterin war schon lange mein Wunsch, und ich hatte hieb- und stichfeste Argumente, die ich im Gespräch vortrug. Der Geschäftsführer nickte zustimmend, ich fühlte mich siegessicher. Als ich fertig war, nickte der Geschäftsführer noch immer, während er mir beinhart ins Gesicht sagte: ›Wissen Sie, Sie sind zwar eine gute Sachbearbeiterin, aber für eine Führungsposition fehlt Ihnen einfach die Erfahrung.‹ Mir blieb fast die Luft weg, das war ein gemeiner Affront! Doch da ich schon länger an meiner Rhetorik arbeite, fing ich mich rasch. Ich atmete tief durch, und dann fragte ich ihn ruhig, wie er zu dieser Einschätzung kommt. Es stellte sich heraus, dass er nur meine Tätigkeit als Sachbearbeiterin im Fokus hatte, nicht jedoch meine Erfolge als Projektleiterin, bei denen ich zum Teil mehr als zehn Personen koordinierte. Dieses Ass konnte ich dann noch ausspielen – und ich bekam den Job!«

Bravo, liebe Yvonne! Keine Rechtfertigung, dafür eine Gegenfrage. Durch die offene Rückfrage ist Yvonne an eine Information gekommen, die sie sonst nicht erhalten hätte – nämlich, dass der Geschäftsführer zu wenig über ihre Tätigkeit als Projektleiterin wusste. Damit konnte sie genau an der richtigen Stelle noch ein Argument positionieren. Natürlich hätte sie auch mit der Gegenteil-Technik arbeiten können: »Ganz im Gegenteil – in den letzten Jahren habe ich als Projektleiterin …«, oder mit der Zoom-Technik: »Was macht eine gute Teamleiterin aus? Zum einen ist es fachliche Kompetenz, zum anderen sind es soziale Kompetenz und Führungserfahrung. Das alles bringe ich zu hundert Prozent mit.«

Sie sehen, viele Wege führen nach Rom, doch gerade in persönlichen Gesprächen und Verhandlungen sind Rückfragen am effektivsten, weil Sie damit eine Menge über den Informationsstand und die Einstellung des anderen erfahren. So können Sie punktgenau kontern und Ihrem Gegenüber die Sorge einer Fehlentscheidung abnehmen. Yvonne steht übrigens bereits vor dem nächsten Gespräch für ihre Bewerbung als Abteilungsleiterin im Unternehmen – und das nur eineinhalb Jahre später. Ihre rhetorische Fitness ist der Schlüssel dazu. Diese Motivation möchte ich Ihnen, liebe Leserin, lieber Leser, weitergeben: Bleiben Sie dran, wenn es nun in den finalen Abschnitt dieses Buches geht und wir konkrete Wege für Sie finden, wie Sie Ihre Ziele nicht nur konzipieren und argumentieren, sondern auch erfolgreich durchsetzen.

Sie bleiben im Gespräch in Führung, wenn Sie

- **sich mit starker Körpersprache und positiven Gedanken in Stimmung bringen,**
- **den Fokus auf Ihre Stärken richten, nicht auf die Schwächen,**
- **die geheimen Codes unfairer Rhetorik erkennen,**
- **durch Fragen die Bedürfnisse des anderen erfahren,**
- **Ihr Ziel vor Augen haben und Techniken bewusst einsetzen.**

Machen Sie sich keine Sorgen, eventuell nicht ausreichend schlagfertig zu sein. Wahres Kontern beruht auf der richtigen Einschätzung des Gegenübers, um erfolgreich zum Ziel zu kommen.

4.
Das Ziel erreichen

4.1 Freude an der Debatte – leicht und spielerisch kontern

Haben Sie schon einmal einen Fechtkampf mitverfolgt? In diesem faszinierenden Sport kommt es auf Strategie und Taktik an. Es geht darum, sich mit dem Gegner auseinanderzusetzen, zu agieren und zu reagieren, sich offensiv oder defensiv zu verhalten – den anderen treffen, ohne selbst getroffen zu werden. Für Zuseher wirkt es so leicht, wie sich die wendigen Fechter auf der Bahn bewegen. Tatsächlich stehen hartes Training, Übung und hohe mentale Stärke hinter der Leistung, die auf der Fechtbahn vollbracht wird.

In der Debattenführung verhält es sich ähnlich: Wer leicht und spielerisch kontern möchte, braucht ebenfalls Training, Wissen über den Gegner und mentale Stärke – in diesem Fall ein solides Selbstbewusstsein. Wir haben uns in den ersten beiden Teilen des Buches damit beschäftigt, wie Angriffe uns treffen können, welche Verhaltenstypen und Motive dahinterstehen und welche Möglichkeiten wir haben, um optimal zu kontern. Im letzten Teil dieses Buches möchte ich Ihnen Wege aufzeigen, die zu Ihnen passen – denn jeder Mensch hat eine persönliche Note, eine individuelle Weise zu kommunizieren. Ich halte wenig von vorgefertigten Mustern und sogenannten Erfolgsrezepten. Damit wiegt sich der Anwender in Sicherheit und macht sich im schlimmsten Fall noch angreifbarer, weil er Authentizität verliert. Finden Sie Ihren persönlichen Stil und lernen Sie, ihn mit Vergnügen einzusetzen. Nun höre ich schon die Gegenargumente: Ich habe noch nie gerne diskutiert! Dafür bin ich viel zu harmonisch! Debatten sind doch um Himmelswillen kein Vergnügen!

Ich werde Ihnen gerne das Gegenteil beweisen! Bleiben Sie jetzt dabei, Ihr gerade erlerntes Wissen mutig in die Tat umzusetzen – ich verspreche Ihnen, Sie werden damit nicht nur Ihre Ziele erreichen, sondern auch Ihre Lebensqualität steigern. Den Maßstab für Ihre Lebensqualität legen Sie selbst. Doch so viel ist auch aus psychologischer Sicht klar: Ein zufriedenstellendes Einkommen, eine eigene Familie oder ein schöner Ort zum Wohnen allein reichen nicht. Wir entwickeln im Laufe unserer Lebensphasen unterschiedliche Bedürfnisse. Wurde uns in der Schul- und Studienzeit die gute alte Bedürfnispyramide von Maslow gelehrt, so wissen wir heute, dass es mehr gibt als die Deckung von Grundbedürfnissen über Sicherheit und Anerkennung bis hin zur Selbstverwirklichung, die als oberstes Ziel in der Pyramide steht. Häufig ignoriert oder unterschätzt wird das Bedürfnis nach Orientierung, nach klarer Kommunikation und nach Handlungsfähigkeit. Zur Zeit der Entstehung dieses Buches herrscht weltweit die Corona-Pandemie. Innerhalb weniger Monate hat sich die Bedeutung dieser Werte in unserer Gesellschaft so stark gezeigt wie noch nie. Was sollen wir glauben, wenn die Orientierung fehlt? Wie sollen wir uns verhalten, wenn die Kommunikation der Regierungen und Experten zum großen Teil aus Kontroversen, Anfechtungen und Widersprüchen besteht? Und was lösen Einschränkungen wie Quarantäne, Kontaktverbote und Lockdowns bei den Menschen aus? Die Handlungsfähigkeit des Einzelnen wird damit massiv beschnitten – das führt zu Fake News, Rebellion und gesellschaftlicher Spaltung. Umso wichtiger ist es, die Kunst der Debattenführung neu zu definieren und Standards zu setzen, wie sie auch im Fechtkampf gelten. Lassen Sie uns Freude am Diskurs haben, bringen wir gemeinsam die Bereitschaft mit, die Meinungen anderer anzuhören und nicht gleich durch Kampfrhetorik scharfe Grenzen zu ziehen.

Sensoren an!

Wer zur Debatte schreitet, braucht als Basis eine solide Vorbereitung. Stellen Sie sich auf Ihren Gesprächspartner ein, erkundigen Sie sich schon im Vorfeld über seine Vorlieben und Werte. Mit welchem Verhaltenstypus haben Sie es zu tun? Einen Choleriker müssen Sie anders abholen als eine harmonische Person, einen Vielredner anders als einen gewissenhaften Zahlenmenschen. Wir haben uns in den vorigen Kapiteln angesehen, wie wir unterschiedliche Verhaltenstypen erkennen. Nutzen Sie dieses Wissen und holen Sie Ihr Gegenüber in seiner Kommunikationswelt ab. Setzen Sie selbst die Standards für das Gespräch: Wenn Sie mit Wertschätzung, höflichen Umgangsformen und einem definierten (Zeit-)Rahmen in das Gespräch gehen, zeigen Sie Professionalität.

Wir entscheiden selbst, mit welchem Maß wir messen.

In Debatten geht es darum, zu überzeugen, dem anderen die eigene Meinung nahezubringen oder eine Entscheidungsgrundlage zu erarbeiten. Dafür müssen wir die Tore zu unserem Gegenüber kennen. Starten Sie deshalb jedes Gespräch – und sei der Inhalt noch so heikel – mit einer Einstimmungsphase. Darin geht es noch gar nicht um das eigentliche Thema, sondern einzig um den Aufbau einer Beziehungsebene, zum Beispiel durch Small Talk, freundliche Worte, Komplimente oder das Erkundigen nach dem Befinden. Und nein: Es ist nicht zu oberflächlich, wenn Sie über das Wetter sprechen. Beim Small Talk geht es darum, dem anderen zu zeigen: Ich gehe mit den besten Absichten in das Gespräch. Erst, wenn Sie das Gefühl haben, dass Sie mit Ihrem Gegenüber im Einklang sind und Sie seine Aufmerksamkeit haben, gehen Sie in die Hauptphase und den eigentlichen Inhalt des Gespräches. Leiten Sie klar über, indem Sie eine Sprechpause machen und neu ansetzen: »Das Thema, über das ich heute mit Ihnen sprechen möchte, ist: ...«. So weiß Ihr Gegenüber, dass es jetzt zur Sache geht. Geben Sie auch gleich einen Überblick – das zeugt von Wertschätzung und demonstriert, dass Sie sich auf das Gespräch vorbereitet haben und die Zeit des anderen nicht verschwenden: »Dazu habe ich drei Punkte vorbereitet: ...«. Besonders bei gesprächigen Menschen ist diese Struktur wichtig, am besten, Sie haben Ihre Punkte schriftlich und sichtbar vor sich liegen. Durch diesen kleinen Trick gewinnen Sie bereits im Vorfeld Führung, weil Sie immer wieder mit Ihren Gesten auf die Punkte zeigen können und Ihr Gesprächspartner weiß, wo Sie sich gerade befinden.

Warum es genau drei Punkte sein sollten? Drei ist eine Zahl, die wir uns gut merken. Viele Abkürzungen und Firmennamen bestehen aus drei Buchstaben, Strukturen und Beziehungen lassen sich auf Dreiecken oft gut festmachen (zum Beispiel das Dramadreieck). Meine Erfahrung ist, dass jedes noch so komplexe Thema auf drei Hauptpunkte heruntergebrochen werden kann. Da-rum überlegen Sie sich im Vorfeld, welche drei Punkte Sie in Ihre Argumentation bringen. Anschließend gewichten Sie die Punkte – und zwar nicht nach Ihren, sondern nach den Kriterien Ihres Gegenübers. Was zählt bei dieser Person wohl am stärksten? Dieses Argument setzen Sie an den Schluss, es ist Ihr Ass. Was zählt eher weniger? Das nehmen Sie in die Mitte. Und an den

Beginn Ihrer Reihenfolge nehmen Sie ein gutes, aber eben nicht das allerbeste Argument. Damit haben Sie folgende Gewichtung: mittel – leicht – stark. Oft höre ich die Aussage: Die Reihenfolge ist nicht so wichtig, jedes Argument muss überzeugen! Ja, muss es. Aber meistens haben wir ein sehr gutes Gefühl dafür, welches Argument wie stark beim Gegenüber wirkt.

Bleiben Sie dieser Reihenfolge treu, taktieren können Sie zwischendurch noch immer. Aber die Grundstrategie sollte im Vorfeld stehen.

Wenn Sie an Ihr nächstes wichtiges Gespräch denken: Welches sind Ihre drei Hauptpunkte und wie würden Sie sie gewichten?
Wie haben Sie bisher Ihre Gespräche vorbereitet?

Debattieren: die Kunst der hohen Häuser

Schon in der Antike galt es als Zeichen eines hohen gesellschaftlichen Standes und der geistigen Bildung, eine solide Streitkultur zu beherrschen. Erstklassige Umgangsformen, Höflichkeit und die Fähigkeit zur Konversation sind übrigens noch heute Teil des Ehrenkodizes des europäischen Adels. Doch auch wenn Sie sich nicht zum Adel zählen: Ihre Ausdrucks- und Umgangsformen sind entscheidende Kriterien, wie man Sie einschätzt. Traut man Ihnen etwas zu? Misst man Ihnen Status bei? Zollt man Ihnen Respekt?

Heute wird in Debattierklubs diese Kunst weitergeführt und erhält dadurch sogar sportlichen Charakter. Auch bei Politdiskussionen im TV erleben wir immer wieder, was es heißt, gewinnend zu debattieren – oder das Gegenteil zu erreichen und sowohl die Sympathie des Gegners als auch die des Publikums zu verlieren. Das passiert meist dann, wenn einer der Gegner so sehr in seiner Position verfahren ist, dass das Verteidigen der Position oberste Prämisse ist. Dann wird nur mehr mit scharfen Geschützen geschossen, die Kompetenz zuzuhören tritt in den Hintergrund, es geht bloß um Redeanteile und um die Demontage des anderen. Leider hat diese extreme Form des Streitgespräches nicht mehr sehr viel mit Streitkultur zu tun. Denn in einer wahren Streitkultur wird das Niveau niemals so niedrig, dass es den anderen bewusst diffamiert oder verletzt. Sehen wir uns daher den Kernteil der Debatte an – und wie Sie gekonnt und mit Niveau für Ihre Punkte argumentieren. Der erste Schritt ist bereits getan: Sie haben drei Punkte gewählt, die Ihren Standpunkt untermauern. Nun tragen Sie die Punkte vor und bringen als Conclusio noch einmal Ihren Standpunkt: »Und deshalb bin ich dafür, dass wir ...«. Nun wird Ihr Gegenüber seine Argumente bringen, und dann ist die Diskussion eröffnet. Beginnen Sie ruhig mit Fragestellungen, am besten mit offenen Fragen zum Thema. Ihr Gegenüber gibt im Redefluss meist wichtige Details zu seinem Standpunkt preis, in die Sie perfekt einhaken können. In den Kunstgriffen der Dialektik gibt es faire und unfaire Methoden, dies zu tun. Bleiben wir vorerst im fairen Bereich. Hier gilt es, möglichst viel herauszuhören, nicht nur durch Fragen, sondern auch aus der Wortwahl des anderen. Spricht dieser von Priestern oder von Kuttenträgern? Spricht er von Geizhälsen oder sparsamen Menschen? Hinhören lohnt sich! Rasch erkennen Sie die Wertewelt und Ansichten Ihres Gegners und können so punktgenau einhaken. Nutzen Sie dazu die Techniken aus diesem Buch – geben Sie zum Beispiel recht, hängen jedoch »gerade deshalb« an, um wieder zu Ihrem Standpunkt zu gelangen. Stellen Sie deduktive Fragen, wenn Ihr Gegenüber mit Pauschalaussagen kommt. »Was genau meinen Sie? Wen genau kennen Sie, bei dem das zutrifft?« So bleiben Sie in Führung. Widerlegen Sie Thesen des anderen mit Beispielen: »Bei Frau Mayer war genau das Gegenteil der Fall.«

Wichtig ist, dass Sie immer wieder auf Ihre Punkte zurückkommen. Die englische Bezeichnung dafür lautet: Hammer home the message. Manche Politiker übertreiben dies so stark, dass sie total an Authentizität verlieren, das sollte nicht das Ziel sein. Aber Ihre Vorbereitung wird Ihnen helfen, Ihr Ziel und Ihre Argumente nicht aus den Augen zu verlieren.

Welche Persönlichkeiten beherrschen aus Ihrer Sicht die Kunst der Debattenführung? Was macht ihren Erfolg aus?
Welche negativen Beispiele von Debatten fallen Ihnen spontan ein?

Willkommen im Dramadreieck!

Aus Märchen, Heldensagen, Theater und Kino kennen wir die Gegenüberstellung der Protagonisten in dem berühmten Dramadreieck. Darin gibt es immer drei Rollen: Täter, Opfer, Retter. Diese Rollen können sich innerhalb derselben Geschichte beliebig ändern – wenn etwa das Opfer plötzlich zum Rachefeldzug antritt und selbst zum Täter wird. Denken Sie an einen typischen Krimi: Hier wird meist zu Beginn die Bösartigkeit des Täters ausführlich dargelegt. Auch die Leiden der Opfer werden eingehend beschrieben, sodass Sie als Leser möglichst viel Mitleid empfinden. Dann lernen wir den Kommissar kennen. Er ist meist ein etwas eigenwilliger Kerl mit der einen oder anderen Macke, doch er ist eindeutig der Retter, der unter Einsatz seines Lebens dem Opfer zu Hilfe kommt. Warum wir es so sehr lieben, als Leser diese Vorgänge zu beobachten, hat einen triftigen Grund: Es spiegelt unsere Beziehungen aus der Realität. Denn auch in unseren Familien, am Arbeitsplatz oder im Freundeskreis finden täglich Dramen statt. Deshalb wird das Dramadreieck auch in der Psychologie, speziell in der Transaktionsanalyse, eingesetzt: Wir können damit Beziehungen gut einordnen und Verhalten erklären.

Wenn beispielsweise eine Vorgesetzte zu ihren Mitarbeitern sagt: »Ihr arbeitet viel zu langsam!«, so wird sie automatisch zur Täterin und die Mitarbeiter zu Opfern. Erhebt nun der Teamleiter das Wort und rechtfertigt das Arbeitstempo, so wird er zum Retter. Nun kann die Vorgesetzte sich selbst zum Opfer machen, indem sie sagt: »Leider muss ich dennoch zwei Leute entlassen, das ist Vorgabe der Konzernleitung.« Die Mitarbeiter könnten jetzt wütend werden und damit ebenso zu Tätern mutieren: »Dazu wäre es nicht gekommen, wenn der Teamleiter uns klare Anweisungen gegeben hätte!« Nun ist der Teamleiter das Opfer – ein nicht enden wollendes Spiel, das sich immer wieder neu ergibt. Bewusst oder unbewusst wird das Dramadreieck natürlich auch manipulativ eingesetzt, um Schuldzuweisungen, Enttäuschungen und Verantwortung hin- und herzuschieben.

Wie verhalten sich diese einzelnen Rollen im Detail? Sehen wir uns zuerst den Täter an. Typisch für diese Rolle ist es, alles besser zu wissen, kontrollierend und pure Macht ausübend zu agieren. Täter teilen kräftig aus, machen andere kleiner, kritisieren oder demütigen – hier sind je nach Ausprägung die verschiedensten Methoden möglich. Hauptsache, der andere wird in seiner Position geschwächt. Das Opfer hingegen soll oder will (je nachdem, ob die Methode vom Opfer bewusst eingesetzt wird) sich für alles verantwortlich fühlen. Es ist hilflos bis hin zur totalen Ohnmacht und zwingt durch sein mitleiderregendes Verhalten andere in die Retter-Rolle. Setzt das Opfer seine Rolle manipulativ ein, kann es auch andere ohne deren Willen zum Täter machen, indem es ihnen zum Beispiel ein schlechtes Gewissen anhängt. Die Rolle des Retters ist schließlich jene, umgehend in die Bresche zu springen und dem Opfer zu Hilfe zu kommen – der Retter fühlt sich dadurch größer und stärker als das Opfer. Sein Motiv ist häufig die Suche nach Anerkennung.

Betrachten wir das Dramadreieck näher, entdecken wir nicht nur die ständig wechselnden Rollen in einem Spiel (zum Beispiel am Arbeitsplatz), sondern auch das Ineinandergreifen verschiedener Spiele (zum Beispiel Arbeitsplatz – zu Hause). So kann es passieren, dass Sie zwar am Arbeitsplatz die Opferrolle einnehmen und zu Hause dann Ihre Kinder oder Ihren Hund anbrüllen und zum Täter werden. So springen wir innerhalb des Dramadreiecks wild umher, stets auf der Suche nach Anerkennung und Aufmerksamkeit, und nehmen die jeweils für uns zweckerfüllendste Rolle ein. Haben Sie sich wiederentdeckt? Dann wollen Sie sicher wissen, wie Sie diesem Reigen an Dauerdrama gezielt entgegensteuern können – besonders dann, wenn Ihnen jemand anderes eine Rolle im Dramadreieck zuweist, die nicht Sie selbst gewählt haben. Wichtig ist erst einmal, überhaupt zu erkennen, dass Sie sich in einem Dramadreieck befinden. Identifizieren Sie Ihre Rolle und die der anderen: Sind Sie das Opfer? Dann sollten Sie gedankliche Sätze wie »Warum passiert das immer mir?« oder »Ich kann nichts dafür, das Leben ist unfair!« sofort und für immer aus

Ihrem Repertoire streichen. Übernehmen Sie Verantwortung für sich, ziehen Sie Grenzen. Sonst können Sie die Opferrolle nicht ablegen, sondern nur ein Ventil finden, durch das Sie irgendwo anders zum Täter werden.

Vielleicht bemerken Sie ja auch, dass Sie in einem Spiel die Täterrolle einnehmen. Das ist eine harte Erkenntnis und mit tiefer Reflexion und der Fähigkeit zum Eingeständnis verbunden. Viele vermuten in manchen Situationen zwar, in die Rolle des Täters eingestiegen zu sein, trauen sich jedoch in letzter Konsequenz dann nicht, es vor sich selbst auch zuzugeben. Doch als Täter machen Sie jemand anderen kleiner und schwächen ihn in seiner Position! Ein Schritt, den Sie in einer solchen Lage sofort tun können: Versuchen Sie, von Schuldzuweisungen abzusehen. Formulieren Sie in Ich-Botschaften (»Ich habe den Eindruck, du benötigst Unterstützung«) statt in Du-Sätzen (»Du bemühst dich nicht genug!«). Streichen Sie auch Warum-Sätze aus Ihrer Kommunikation, sie haben immer etwas Anklagendes (»Warum ist das noch nicht fertig?«). Durch die Täterrolle drängen Sie andere zu einem Verhalten, das diese nicht selbst gewählt haben – und das wird früher oder später auf Sie zurückfallen.

Wer bemerkt, dass er oft unfreiwillig die Retter-Rolle einnimmt, kann dem ebenfalls relativ leicht gegensteuern. Retter haben die Eigenschaft, dass sie sofort helfen oder in vorauseilender Hilfsbereitschaft agieren. Dem Opfer ist damit jedoch oft gar nicht geholfen, weil es dabei nicht lernt, sich selbst aus einer Situation zu befreien. Als Retter müssen Sie somit lernen, Hilfe zur Selbsthilfe zu geben und nicht anderen Ihre Hilfsbereitschaft aufzudrängen. Sonst schaffen Sie bloß neue Abhängigkeiten und tun dem Opfer damit nichts Gutes. Gut sichtbar wird das in Eltern-Kind-Beziehungen: Geht ein Spielzeug kaputt, dann zeigen Sie Ihrem Kind lieber, wie es das Ganze wieder zusammensetzen kann, statt es an seiner Stelle zu erledigen. Beim nächsten Mal schafft es die Herausforderung vielleicht schon allein. Als Retter-Eltern laufen Sie sonst Gefahr, dass Ihr Kind nicht selbstständig handeln kann, sollten Sie einmal nicht zur Stelle sein. Hinter dem Dramadreieck stehen oft eingefahrene, über längere Zeit tradierte psychologische Spiele, die ganze Teams zerrütten können und dazu führen, dass wertvolle Menschen das Unternehmen verlassen.

So beschrieb mir kürzlich Leonie, eine Seminarteilnehmerin, den erschütternden Zustand in ihrer Abteilung:
»Unsere Chefin kommandiert uns den ganzen Tag herum. Sie ist derart launisch, dass wir schon am Morgen, wenn sie ins Büro kommt, immer mit dem Schlimmsten rechnen. Für mich selbst ist es einigermaßen erträglich, weil ich nicht direkt für sie arbeite. Meine Kollegin dagegen ist ihre persönliche Assistentin. Sie ist schon völlig gebrochen, weint manchmal sogar im Büro. Ich kann das nicht mehr mitansehen! Soll ich ihr helfen?«

Wenn es einmal so weit gekommen ist, dass Menschen weinend am Arbeitsplatz sitzen, ist Feuer am Dach! Oft erkennt die Führungskraft das nicht, weil ihr die notwendige Empathie fehlt. Dennoch werden Führungskräfte dieses Kalibers leider erstaunlich lange in Unternehmen akzeptiert. Oder sie sind selbst Gründer oder Inhaber ihres Betriebes – so können sie schalten und walten, wie es ihnen beliebt. Nun können wir natürlich sagen: »Selbst schuld, bei so jemandem arbeite ich doch gar nicht erst!«. Aber es ist nun einmal so, dass manche Menschen eine höhere Frustrationstoleranz haben. Warum Opfer ihren Zustand oft so unerträglich lange tolerieren, obliegt mir nicht zu beurteilen. Fakt ist, dass Leonie, wenn sie direkt Zeugin eines Übergriffes wird, natürlich eingreifen darf. Die Chefin soll ruhig bemerken, dass auch andere Zeugen ihrer Taten sind. Ändern wird sich der Zustand dadurch kaum. Leonie tut aus meiner Sicht gut daran, das Gespräch mit ihrer Kollegin zu suchen und mit ihr gemeinsam mögliche Lösungswege zu diskutieren. Lösen muss es dennoch ihre Kollegin selbst – auch, wenn es für Leonie nicht leicht sein wird, nur zuzusehen. Die Frage, die sich Leonie hauptsächlich stellen sollte: Möchte ich in diesem toxischen Umfeld weiterhin bleiben? Denn auch auf die Retter-Persönlichkeiten haben solche Konstellationen im beruflichen Umfeld mit Sicherheit langfristig negative Auswirkungen. Deshalb rate ich Ihnen, auch wenn es unbequem ist: Lieber ein Ende mit Schrecken als ein Schrecken ohne Ende!

Welche Rolle nehmen Sie im Dramadreieck in Ihrem Job ein?
Welche in der Familie?
Sind diese Rollen unterschiedlich und variieren je nach Umfeld und Situation?

Klar kommunizieren macht glücklich

So anregend und spannend das Fechten in der Zone zwischen pro und contra ist, so muss irgendwann auch das Ende in Sicht sein. Halten Sie daher zu angemessener Zeit noch einmal fest, welches Resümee Sie aus dem Gespräch ziehen. Wenn Sie das tun, haben Sie den wesentlichen Vorteil, dass Sie auch den Standpunkt des anderen in Ihr Resümee einbeziehen und durch die eine oder andere Paraphrase sich selbst zunutze machen können.

Natürlich verläuft nicht jede Debatte eloquent und leichtfüßig wie ein Fechtkampf. Vor allem, wenn starke Emotionen im Spiel sind oder etwas Wichtiges auf dem Spiel steht, ist es schwierig, positiv und sachlich in das Gespräch zu gehen. Und manchmal haben wir auch keine Gelegenheit, uns vorzubereiten und Kernargumente zurechtzulegen. Auch auf Small Talk würden wir bei manchen Personen liebend gerne verzichten. Doch diese Komponenten sind essenziell. In speziellen Fällen treffen Sie Ihre Kontrahenten erst auf der Bühne und haben keine Gelegenheit, vorher eine Beziehungsebene aufzubauen. Dann nutzen Sie zumindest Blickkontakt und ein freundliches Lächeln. Ganz nach dem Prinzip der Reziprozität (Wie du mir, so ich dir) werden Sie zumindest ein gewisses Entgegenkommen ernten. Es sei denn, Ihr Gegner ist erpicht darauf, Sie zu demontieren oder verbal zu vernichten. Diese harten Fälle sehen wir uns im nächsten Kapitel an. Betrachten Sie Debatten und Meinungsverschiedenheiten als Spiel – das heißt nicht, dass Sie es lustig finden müssen. Aber diese Einstellung gibt Ihnen Handlungsfähigkeit und Optionen. Ansonsten geht es Ihnen wie den Misserfolgsvermeidern, die ständig nörgeln, wie unfair die Welt, der Arbeitgeber, die Politiker, der Ehepartner, die Kolleginnen sind. Sie haben es sich zum Prinzip gemacht, die Verantwortung für ihre Lage auf andere zu schieben und selbst nichts zu ändern. Sie sind gefangen in ihrer engen Welt – wie Schafe auf einer dürren Weide, die sich nicht durch das offene Gatter auf die frische Wiese hinaustrauen. Tag für Tag zupfen sie an den spärlichen Grashalmen, den Blick nach draußen gerichtet, aber mit Vorsicht. Denn umsonst steht das Gatter sicher nicht offen, das muss eine Falle sein! Wagt sich ein Schaf dennoch hinaus, wird es von den anderen misstrauisch beäugt und beschimpft – wie kann man nur so unvorsichtig und dumm sein! Wenn es sich dann unbeschadet am satten Grün labt und seines Glückes freut, ist für die Schafe im Inneren des Zaunes endgültig Schluss mit lustig: Sie spekulieren, wie ihre Kollegin zu diesem Glück gekommen ist. Das ist sicher nicht mit rechten Dingen zugegangen! Wer weiß, mit wem sie sich eingelassen hat! Ach, gut, dass wir rechtschaffene Schafe hier im Inneren sind. Unsereins weiß wenigstens, wie man anständig zu seinem Futter kommt. Auch, wenn es hart ist.

Nach diesem Credo leben auch viele Menschen. Wenn sie schon Debatten führen, dann stets aus einer unflexiblen Position heraus und ohne echte Bereitschaft, sich neue Horizonte zu erschließen. Sie haben viel Meinung, aber wenig Ahnung. Bei dieser Spezies werden Sie sich in Debatten die Zähne ausbeißen – und Ihre Energie verschwenden. Trainieren Sie die hohe Kunst des Debattierens mit Ihrer Familie, Ihren Freunden und mit interessierten Kollegen. Legen Sie Ihre Handys weit weg, um Ablenkung zu vermeiden, und sprechen Sie einfach über ein aktuelles Thema. Aber Achtung, Sie müssen erst in den entsprechenden Debattierfluss kommen! Durch den permanenten Informationsfluss und die ständige Ablenkung durch unsere Echtzeitmedien sind die meisten Menschen etwas aus dem Training. Doch lassen Sie sich nicht entmutigen. Die langsam wiederkehrende Fähigkeit, über ein Thema zu diskutieren, anderen zuzuhören und die eigene Meinung auf den Punkt zu bringen, gibt Ihnen Selbstbewusstsein und die Freiheit, Neues zu entdecken – ohne Angst und Misstrauen.

Gelungene Debatten führen Sie am besten, wenn Sie

- **positiv in das Gespräch gehen,**
- **eine gute Beziehungsebene herstellen,**
- **Ihre Argumente vorbereitet haben,**
- **dem anderen zuhören und seine Ansichten wahrnehmen,**
- **zusammenfassen und Ihre Botschaft wiederholen.**

Sehen Sie die Debatte als Spiel, in dem Sie ein Ziel haben und Ihre Züge selbst entscheiden.

4.2 Hart, aber nicht mehr herzlich – durchgreifen bei Spezialfällen

Katrin hatte sich mit ihrem Mann ein schönes Einfamilienhaus in einer charmanten Siedlung am Stadtrand gekauft. Überglücklich zogen sie zusammen mit ihren beiden Kleinkindern in dieses Traumhaus ein. Es gab nur einen Wermutstropfen in der Siedlung: Bert, ein grobschlächtiger Mann mittleren Alters, der mit Cabrio, offenem Hemd und blitzenden Goldketten offenbar seinen zweiten Frühling genoss. Im Detail bedeutete das: quietschende Reifen, laute Musik aus dem Autoradio und vor allem – kein Tempolimit. Mehrmals war er schon am Haus vorbeigerast, als gäbe es kein Morgen. Eines Tages stellte sich Katrin ihm todesmutig in den Weg. Bert legte eine Vollbremsung hin und schrie sie an: »Spinnst du? Was soll der verdammte Sch...?« Ohne darauf zu reagieren, brachte Katrin ihre Bitte vor: »Würden Sie künftig in der Siedlung bitte langsamer fahren? Ich habe zwei kleine Kinder, die hier draußen spielen.« Bert wurde puterrot. Dann prustete er lautstark los: »Hahaha! Das ist dein Problem? Wenn es die erwischt, mache ich dir einfach zwei neue! Und jetzt: Aus dem Weg!« Bert stieg aufs Gas, Katrin konnte gerade noch zur Seite springen.

Manchmal stoßen wir auf TV-Reportagen, in denen es um eingefahrene Konflikte zwischen Nachbarn geht. Als Zuseher verfolgen wir dann von außen, wie sich die Fronten verhärten, jede Aktion zu einer Reaktion führt und alles immer drastischer wird. In vielen Fällen lässt sich gar nicht mehr rückverfolgen, wie der Streit entstanden ist. In Katrins Fall ist das ganz anders: Hier haben wir es mit einem Spezialfall zu tun, einem Menschen, der andere verachtet und mit extremer Bosheit behandelt. Es liegt auf der Hand, dass Katrin hier nicht mehr mit der hohen Kunst der Debattenführung weiterkommt. Diese Spezies ändert ihr Verhalten in der Regel nicht und wird noch angriffslustiger, wenn man sich ihr in den Weg stellt.

Rechenschaft sollte nicht mit Rache verwechselt werden.

Katrin ist bei Berts Ausbruch tatsächlich die Luft weggeblieben – verständlicherweise! Sie hat in der Folge beschlossen, ihre Kinder bestens zu instruieren und den Nachbarn zu ignorieren, weil sie wusste, sie würde sich selbst nur das Leben schwer machen. Und das war es einfach nicht wert. Heute sind die beiden glücklicherweise quicklebendige junge Erwachsene – und auch Bert ist etwas ruhiger geworden. Doch ein Tempolimit existiert für ihn noch immer nicht. Wie Sie mit Menschen und Situationen umgehen, die die Grenzen der Moral überschreiten, sehen wir uns in diesem Kapitel an. Nur so viel vorweg: Kontern Sie, was das Zeug hält, weil Sie selbst es sich wert sind!

Machtspiele und Sexismus

Wäre Katrin auf Berts Spiel eingestiegen, hätte sie vermutlich früher oder später dasselbe tiefe Niveau erreicht. Oder sie hätte einen Rechtsbeistand benötigt und wäre irgendwann in einer dieser TV-Reportagen gelandet. Nach diesem extremen Angriff war der Durst nach Rache groß. Stundenlang hat sich Katrin mit ihrem Mann und Freunden beraten, was sie tun sollte, bevor sie entschied, von Rache abzusehen. Sie wollte ihren Traum vom Leben im eigenen Haus nicht gefährden und sich ein schlimmstenfalls lebenslanges Problem aufhalsen. In Katrins Fall sicher eine gute Entscheidung. Der Konter hätte auf dem Fuß folgen müssen, um die Machtverhältnisse ad hoc ins Lot zu bringen. Wenn Katrin ihre Überraschung und Distanz von diesem Niveau zeigt, genügt das: »Unglaublich, was Sie da sagen.« Rückfragen bringt hier nichts, denn das würde nur weitere Tirade auslösen. Machen Sie es kurz und schmerzlos. Hier geht es einzig um Ihr Gefühl, dass Sie den Angriff nicht unkommentiert haben stehen lassen.

Berts Angriff ist ein klarer Fall von Sexismus – eine sehr häufige Form der Machtdemonstration. Die deutsche Bundesregierung hat 2020 eine Studie in Auftrag gegeben. Untersucht wurde die Bedeutung von Sexismus im Alltag der Bevölkerung. Den Befragten wurde dabei keine Definition von Sexismus vorgelegt. Im Zentrum des Interesses stand, was verschiedene Bevölkerungsgruppen und -schichten unter Sexismus verstehen, wie und wo sie ihn wahrnehmen. Dabei stellte sich heraus, dass Sexismus nicht nur in Form von

Übergriffen, sondern vor allem moralisch als Begriff der Distanzierung und der Herabwürdigung gesehen wird. In der Wahrnehmung der Befragten wird Sexismus angewendet, wenn es um soziale Profilierung, um Lustgewinn oder um Dominanz- und Machtgebaren geht.

Doch der Begriff Sexismus dehnt sich viel weiter aus und betrifft auch andere Gebiete, wenn Menschen durch Ungleichbehandlung benachteiligt werden, etwa bei betrieblichen Rollenzwängen, bei den Einkommen oder der Vergabe von Führungspositionen. Sowohl Männer als auch Frauen geben an, dass sie Sexismus vor allem am Arbeitsplatz erleben (bei Frauen werden öffentliche Plätze noch höher bewertet).

Auf die Frage, in welcher Form sie Sexismus erleben, steht bei beiden Geschlechtern an erster Stelle: verbale Übergriffe im persönlichen Gespräch (face-to-face). Das geben fünfundvierzig Prozent der Frauen und siebenundvierzig Prozent der Männer an. An zweiter Stelle mit knapp vierzig Prozent bei beiden Geschlechtern werden einschlägige Gesten (ohne Berührung) angegeben. Wir befinden uns damit auf dem Gebiet der verbalen und nonverbalen Kommunikation. Spannend ist, dass die Befragten zum Großteil den Begriff »Opfer« ablehnen, da er stigmatisiert und mit Wehrlosigkeit und Passivität in Verbindung gebracht wird. Vielmehr sollten die Täter oder Täterinnen in den Fokus gestellt und damit zur Verantwortung gezogen werden.

Es ist ein Grundzug des Menschen, nach Macht zu streben und dabei Ungleichheiten auszunutzen. Abhängig von den jeweiligen persönlichen Geschichten und Erfahrungen ist dieses Streben bei manchen so stark ausgeprägt, dass sie ihre Macht ständig unter Beweis stellen müssen. Sie sind regelrecht süchtig nach Kontrolle und Überlegenheit. Im Businesskontext finden diese Menschen eine Bühne und ein Publikum. Ihre Akteure wählen sie sorgfältig aus: Das sind diejenigen, die für sie tanzen dürfen. Wollen Sie diese Akteurin, dieser Akteur sein? Wer das nicht will, sollte rasch lernen, umgehend einen treffenden Konter zu setzen!

Endlich habe ich!

Sandra ist Sales Assistant in einem Logistikunternehmen. Sie ist vierundzwanzig Jahre alt und hat nach ihrer Lehre in ihrem Unternehmen eine beachtliche Karriere hingelegt. Nach der Reifeprüfung absolviert sie nun ein berufsbegleitendes Studium. In der Abteilung ist Sandra für das Vertriebscontrolling und die Auswertung der monatlichen Umsätze zuständig. Jeden ersten Freitag im Monat findet das Sales Meeting statt. Dort präsentiert sie die aktuellen Umsatzentwicklungen vor dem achtköpfigen Vertriebsteam. Sandra ist den lockeren, oft rauen Umgangston in der Branche gewohnt und lässt sich auch von der Männerdomäne Vertrieb nicht beirren. Ihr macht die Tätigkeit große Freude, und sie will sich mit Fleiß und Wissen profilieren.

Diesen einen Freitag wird Sandra jedoch nie vergessen. Wie immer wird rege diskutiert und in der vertrauten Runde auch gescherzt. Gerade hat Sandra zufrieden die aktuellen Zahlen dargelegt, es war umsatzmäßig ein sehr erfolgreicher Monat. Der Vertriebsleiter ist offensichtlich begeistert von Sandras Ausführungen – doch nicht nur davon. Er applaudiert und ruft vergnügt in die Runde: »Bravo! Bravo! Bei unserer Sandra stimmen nicht nur die Maße, sondern auch die Zahlen.« Prompt brechen die anwesenden – vorrangig männlichen – Kollegen in zustimmendes Gelächter aus. Ohne es kontrollieren zu können, lacht Sandra mit den Kollegen mit. Sie braucht eine Sekunde, bis sie versteht. Das hat doch der Vertriebsleiter nicht wirklich gerade gesagt? Unwillkürlich schüttelt sie den Kopf, während sie noch lacht. Der Knabe will sie hier eindeutig vorführen und sich ein chauvinistisches Scherzchen auf ihre Kosten erlauben! Früher wäre sie im Erdboden versunken. Heute dreht sie den Spieß einfach um. Schließlich will sie nicht als »Frau mit den perfekten Maßen« in die Abteilungsgeschichte eingehen, sondern mit ihrer Kompetenz in Erinnerung bleiben!

Somit wartet sie, bis das Gelächter abgeklungen ist, dann setzt sie ihren Konter mit fester Stimme und einem selbstbewussten Lächeln: »Und auf genau diese Zahlen müssen wir uns hier auch konzentrieren, meine Herren.«

Sandra hat genau richtig reagiert und nach ihrem initialen Lachen sofort scharf und treffend gekontert. Wenn es um Sexismus geht, werde ich oft gefragt, ob lachen denn überhaupt erlaubt sei. Machen wir uns dadurch nicht noch kleiner? Ich sage: nein. Denn wer Zähne zeigt, signalisiert Kraft. Wer den Mut hat, das Gelächter abklingen zu lassen, und dann punktgenau sein Argument setzt, bleibt auf jeden Fall in Führung! Sie selbst entscheiden. Geht es Ihnen absolut zu weit, dann ist natürlich Schluss mit lustig, und das sagen Sie auch klar. Sie stehen für diese Kommunikationsweise nicht zur Verfügung, Punkt. Weisen Sie in extremen Fällen ruhig vor versammelter Mannschaft darauf hin, dass die Aussage Sie schockiert oder verletzt, zeigen Sie Ihre Emotion. Damit stellen Sie den Täter bloß und er muss sich vor den anderen für die Tat verantworten. Das gilt für jede Form der Machtausübung durch Ungleichheit – sei es Sexismus, Rassismus, Religion, Gesellschaft oder Hierarchie: Ziehen Sie den Täter zur Verantwortung, und zwar sofort!

Neid: wenn andere es besser haben

Bestimmt geht es Ihnen ähnlich: Wenn Sie mit Menschen beruflich oder privat zusammen sind, wird einfach gerne über andere gesprochen. Wir unterhalten uns darüber, was andere machen, wie sie sich benehmen, was sie sich leisten, wie sie leben. Im sozialen Kontext sind diese Dinge essenziell – würden wir nicht gerne das Leben anderer beobachten und darüber urteilen, wären Theater und Kinosäle leer, und auch die Social Media existierten wohl nicht. Was wir nicht bemerken: Wir setzen dabei für uns selbst und nach unseren eigenen Maßstäben Normen fest. Wir haben feste Werte, die wir auf andere projizieren. Wir erwarten ein bestimmtes Verhalten, das nach unseren Werten als richtig gilt. Und – Hand aufs Herz – manchmal ist neben den Normen und Werten auch ein klein wenig Neid im Spiel. »Bei mir doch nicht!«, höre ich Sie jetzt entrüstet rufen. Gut, dann machen Sie doch in Ihrem Freundeskreis einmal das Neid-Experiment. Stellen Sie bitte fünf beliebigen Personen die Frage, ob sie anderen schon je etwas nicht gegönnt haben. Sie können sicher sein, dass alle fünf strikt verneinen werden – vier davon auch gleich mit dem Zusatz: »Ich gönne jedem sein Glück! Ich bin völlig frei von Neid.« Tatsächlich?

Warum besprechen wir dann so gerne die Lebensumstände anderer? Es ist ein Fakt: Wir vergleichen uns gerne mit anderen. Psychologen haben herausgefunden, dass wir mehr Neid verspüren, je ähnlicher uns eine Person ist. Wenn wir dann feststellen, dass uns diese Person auf irgendeine Art überlegen ist, wurmt uns das. Diese empfundene Überlegenheit kann betreffend etwas, das die Person ist, besitzt oder erreicht hat, auftreten. Bleibt das Gefühl in einem kontrollierbaren Ausmaß, so kann es ein Ansporn zu mehr eigener Leistung sein. Lassen wir es hingegen unkontrolliert, äußert es sich darin, dass wir zum Beispiel andere kleiner machen oder ihre Erfolge schlechtreden. Da jedoch Neid als Gefühlsregung seit jeher verpönt ist, dementieren wir ihn. Schließlich würden wir sonst gesellschaftliche und religiöse Werte kompromittieren. Sie erinnern sich an die biblische Geschichte der Brüder Kain und Abel? Kain erschlug seinen Bruder aus Neid, nachdem Gott dessen Opfergaben bevorzugt hatte. Ähnlich ist es in der Philosophie: So bezeichnete der Philosoph Friedrich Nietzsche Neid und Eifersucht als »Schamteile der menschlichen Seele«. Wie Nietzsche greifen Philosophen das Thema seit tausenden Jahren immer wieder auf. Dem römischen Philosophen Seneca wird folgende Aussage zugeordnet: »Nie wird einer glücklich sein, den das größere Glück des anderen wurmt«, womit er Neid als negative, nicht erstrebenswerte Eigenschaft deklariert. Neid wird offenbar durch das Gefühl ausgelöst: »Das könnte ich sein!«. Und dieses Gefühl ist stärker, je ähnlicher und vergleichbarer eine Person mit uns selbst ist.

So erzählte mir Astrid, Sekretärin in Teilzeitbeschäftigung:
»In meinem Team muss ich mich ständig dafür rechtfertigen, dass ich in Teilzeit arbeite, obwohl ich keine Kinder habe. Meine Kolleginnen wissen natürlich, dass mein Mann ein erfolgreiches Unternehmen führt, deshalb höre ich laufend Kommentare darüber, dass ich ja eigentlich gar nicht arbeiten müsste. Neulich wurde ich sogar von einer besonders aufmerksamen Kollegin darauf hingewiesen, dass ich anderen den Job wegnehme, wenn ich einfach nur so zum Spaß arbeiten gehe. Das tat mir sehr weh, ich wusste nicht, was ich sagen soll!«

Astrid macht ihren Job mit Leidenschaft und seit vielen Jahren. Ihr wäre es nie in den Sinn gekommen, ihn aufzugeben. Ihre Kolleginnen hingegen vergleichen sich unbewusst mit Astrid: Sie ist aus deren Sicht durch ihren Mann finanziell abgesichert und kann sich aussuchen, in welchem Ausmaß oder ob sie überhaupt berufstätig ist. Ob das so stimmt oder nicht, können die Kolleginnen gar nicht wissen – sie nehmen dennoch an, dass Astrid einen Vorteil hat. Das löst Neid in ihnen aus. Astrid setzen Untergriffe dieser Art stark zu und geben ihr das Gefühl, sich rechtfertigen zu müssen. Doch damit gibt sie ihren Kolleginnen nur Nährstoff für weitere Anspielungen, denn sie fühlen sich im Recht. Bei Neidargumenten – und das sind meist Argumente, die die Lebensumstände oder die finanzielle Situation anderer zum Inhalt haben – ist Rechtfertigung niemals eine Option. Astrid ist gut beraten, wenn sie postwendend kontert. Oft reicht die Rückfrage »Wie kommst du darauf?« schon aus. Drückt ihre Gegnerin dann herum à la »Na ja, dein Mann verdient eh so gut …«, kann Astrid wieder rückfragen: »Wie kommst du darauf?«. Sie sehen: Astrid beginnt, Führung zu übernehmen, indem sie die Fragen stellt. Ihre Kollegin muss sich jetzt rechtfertigen oder zumindest erklären, wie sie zu ihren Theorien kommt. Nun ist es auch Astrid, die dem Gespräch ein Ende setzen kann, indem sie zum Beispiel schließt mit: »Siehst du, so wie du dir offenbar und willkürlich meine Lebensumstände aussuchst, suche ich mir meine Arbeit aus«.

Neidargumente reichen von »Ihr fliegt heuer wieder auf die Malediven? Ihr müsst aber Geld haben!« bis zu »Also, ich komme ja mit meinem Mittelklassewagen völlig aus!« und treten in vielen Facetten auf. Oft sind sie gar nicht direkt gegen Sie gerichtet, sondern werden nur in Ihrer Anwesenheit deutlich ausgesprochen – mit der Absicht, dass Sie und andere die Anspielung bemerken. In diesem Fall kommt es darauf an, wie definitiv die Anspielung ist und ob alle im Raum wissen, dass jetzt Sie gemeint sind. Dann sollten Sie auf jeden Fall reagieren und den Angreifer zur Rechenschaft ziehen. Entscheiden Sie selbst, ob Sie den Neid als Aufmerksamkeit Ihres Gegenübers interpretieren: »Ja, wir fliegen im April, und ich freue mich schon riesig!« Lassen Sie im Konter Themen weg, die den anderen nichts angehen, zum Beispiel Geld. Und wie immer: Rechtfertigen Sie sich niemals.

Worauf wurden Sie in letzter Zeit aus Neid angesprochen?
Wie haben Sie reagiert?

Dafür bezahlst du! Das schlechte Gewissen als Preis

Denken Sie an Ihre letzte Debatte oder den letzten Streit, den Sie hatten. Worum ging es? Oft entwickeln sich aus vermeintlichen Banalitäten schlimme Angriffsmuster, die so weit gehen können, dass sie eine gute Beziehung zerstören. Wie Stefan, den es jedes Mal furchtbar stört, wenn er am Abend von der Arbeit nach Hause kommt und das Wohnzimmer nicht aufgeräumt ist. Er möchte sich nach einem anstrengenden Tag einfach entspannen und in Ruhe durch die Zeitung blättern. Doch dieser Traum ist geplatzt, sobald er das Chaos aus Spielsachen und Bauklötzen auf dem Boden sieht. Denn nun weiß Stefan: Entweder muss er selbst aufräumen (bitte nicht!), oder seine Frau räumt auf (das nervt auch, wenn er schon gemütlich auf dem Sofa sitzt), oder er muss mit den Kindern raus, damit seine Frau aufräumen kann (das freut ihn schon gar nicht). Keine dieser Optionen korrespondiert mit seinem Wunsch nach etwas Ruhe. Die Folge: Stefan ärgert sich gehörig, weil er nicht einsieht, dass er hart arbeiten muss, während seine Frau schon früher nach Hause gekommen ist und nicht auf seine Bedürfnisse Rücksicht nimmt. Im ersten Ärger wirft er seiner Frau hitzig an den Kopf: »Warum ist hier nicht aufgeräumt? Du bist doch den ganzen Nachmittag zu Hause gewesen!«. Stefan fühlt sich im Recht, denn schließlich hat er ja den ganzen Nachmittag hart gearbeitet. Da kann doch bitte seine Frau, die nur in Teilzeit arbeitet und sich nebenbei um Haushalt und Kinder kümmert, wirklich dafür sorgen, dass wenigstens am Abend aufgeräumt ist! Stefan verpasst mit dieser Aussage seiner Frau eine gehörige Breitseite. In der Verletzung seiner Wünsche und Vorstellungen greift er auf alte Werte und Muster zurück. Die Aussage »Du bist doch den ganzen Nachmittag zu Hause gewesen!« kommt höchstwahrscheinlich noch aus dem eigenen Elternhaus: Papa verdiente das Geld und Mama schaukelte den Haushalt. Dass die Situation heute eine ganz andere ist, wird im Moment des Angriffes nicht bedacht. Viel lieber bedienen wir auch noch Klischees bis hin zum Sexismus, um unsere Interessen durchzusetzen.

Zu diesen Mustern, die oft ganz automatisch wiedergegeben werden, kommt noch eine weitere Komponente: Wissenschaftlich gesagt handelt es sich um eine subjektiv wahrgenommene ungleiche Verteilung eines gemeinsamen Gutes – in diesem Fall Zeit. Stefan findet, seine Frau hat mehr davon, daher sollte sie die Zeit in den gemeinsamen Topf – also den Haushalt – investieren. Nachdem sein Wunsch (nach der Arbeit im aufgeräumten Wohnzimmer entspannen) nicht erfüllt ist, versucht er, seiner Frau ein schlechtes Gewissen zu machen. Hart formuliert heißt das: Sie muss mit einem schlechten Gewissen dafür bezahlen, dass sie mehr Zeit zur Verfügung hat und diese in seinen Augen nicht zum gemeinsamen Wohl nutzt.

Wechseln wir nun die Perspektive. Die meisten Menschen rechtfertigen oder verteidigen sich bei derartigen Angriffen, sodass der Angreifer noch eins draufsetzt. In Stefans Fall argumentiert seine Frau möglicherweise so: »Du hast ja keine Ahnung, wie anstrengend das heute mit den Kindern war! Natalie hatte Durchfall und Jakob hat die Blumenvase umgeworfen ... Da kann ich nicht auch noch aufräumen!« Stefan, leider des Perspektivwechsels nicht mächtig, gibt nun richtig Gas: »Was glaubst du, welche Probleme ICH in der Arbeit lösen muss? Da geht es um wirklich ernste Dinge!« Nun ist der Krach perfekt. Jeder rückt in seine Position und kommt nicht mehr heraus. Leider beschreiben viele Menschen in meinen Seminaren derartige Situationen als alltäglich.

Eine Teilnehmerin hat mich einmal in der Pause gebeten, ihr zu helfen.
»Ich halte das nicht mehr aus! Fast jeden Tag macht mein Mann Anspielungen wie ›Na, da hat es sich ja jemand schon ganz gemütlich gemacht‹ oder ›Du weißt schon, wer hier das Geld nach Hause bringt‹. Es scheint, als habe er sich regelrecht darin verbissen, mich schlecht zu machen!«

Hier ist absolut Feuer am Dach! Lassen Sie sich derartige Aussagen niemals gefallen! Sonst entsteht ein Ungleichgewicht, aus dem Sie nur mehr ganz schwer herauskommen. Wenn Sie bemerken, dass jemand Sie schlecht macht oder Ihnen ein schlechtes Gewissen machen will, greifen Sie hart durch –

doch nicht nur verbal, sondern auch nonverbal. Wichtig: Nehmen Sie eine aufrechte Körperhaltung ein und bringen Sie sich auf Augenhöhe. Dann nehmen Sie Blickkontakt auf. Atmen Sie durch und sprechen Sie erst im Ausatmen. Das lässt Ihre Stimme tiefer und fester klingen. Stellen Sie nun den Angreifer zur Rede: »Wo genau liegt das Problem?« ist eine Phrase, mit der Sie sich emotional aus dem Spiel nehmen. Lassen Sie den Angreifer antworten und machen Sie ihn auf seine Angriffe aufmerksam. Dann machen Sie klar, dass Sie künftig für Angriffe dieser Art nicht mehr zur Verfügung stehen. Das mag zynisch klingen, aber es wirkt, wenn Sie Ihr Wort halten. Beim nächsten Angriff kontern Sie nur mehr: »Für diese Art von Gespräch stehe ich nicht zur Verfügung.«

Doch nicht nur in privaten Beziehungen, sondern auch im Berufsalltag wird über das schlechte Gewissen gearbeitet, indem Personen zum Beispiel als arbeitsfaul hingestellt werden. Julian durfte diesbezüglich als Praktikant eine heftige Situation erleben.

Endlich habe ich!

Es ist das erste Projekt in dieser Dimension, an dem Julian mitwirken darf. Erst vor einem halben Jahr hat er als frischgebackener Uni-Absolvent einen der heiß begehrten Plätze im Traineeprogramm einer renommierten Bank erhalten. Nun wird die Digitalisierung einiger Prozesse geplant und ein Projekt mit hohen Kosten und einem ehrgeizigen Zeitrahmen aufgesetzt. Julian darf das Projektteam unterstützen und erhält mit sechs weiteren Teammitgliedern für die Dauer des Projektes einen eigenen Raum, den der Projektleiter passenderweise als »War Room« bezeichnet. »Haut euch rein, Leute – hier wird jede helfende Hand doppelt gebraucht! Kein Platz für Schnarchnasen!«, peitscht er das Team von Beginn an durch die langen Arbeitstage. Julian hat mit viel Arbeit gerechnet und ist bereit und motiviert, Überstunden zu machen. Deshalb lässt er sich – wie auch der Rest des Teams – die süffisanten Kommentare und den ständigen Druck des Projektleiters gefallen. Nur heute hat er um achtzehn Uhr einen Arzttermin, den er nicht aufschieben kann.

Als Julian seine Sachen an dem großen Gemeinschaftstisch zusammenpackt, schaut der Projektleiter auf und ruft ihm – für alle Teammitglieder deutlich hörbar – durch den Raum zu: »Na, Julian, arbeitest du jetzt nur mehr in Teilzeit?«. Die anderen blicken auf, einige schmunzeln über die messerscharfe Attacke des Projektleiters. Julian wird heiß und kalt zugleich. Seit zwei Wochen investiert er all seine Zeit und Energie hier in diesem War Room, arbeitet sechzig Stunden die Woche, isst ungesund und unregelmäßig. Vom Verzicht auf seinen geliebten Sport ganz zu schweigen. Und nun macht ihn dieser dreiste Sklaventreiber auch noch vor den Kollegen schlecht? Julian reicht es endgültig. Zum Glück hat er an der Uni einen Rhetorikkurs belegt und sich dort auch mit unfairer Rhetorik beschäftigt. Jetzt zieht er seinen verbalen Pfeil aus dem Köcher. Julian atmet durch, stellt sich auf beide Beine und richtet sich ganz auf. Er blickt dem Projektleiter jetzt direkt in die Augen. »Wie kommst du zu dieser Fehleinschätzung?«, fragt er laut und mit fester Stimme. Der Projektleiter ist perplex. Seine eben noch boshaft grinsende Miene weicht einem ratlosen Glotzen. Mehr als »Äääähm ...« fällt dem Projektleiter nicht ein. Ein klares eins zu null für Julian – da können sich auch die restlichen Teammitglieder ein anerkennendes Nicken nicht verkneifen.

Julian hat es geschafft, sich von dem Projektleiter kein schlechtes Gewissen machen zu lassen. Er hat den perfiden Angriff – noch dazu vor Publikum – geschickt pariert und durch seinen Konter den Spieß umgedreht. Eine Technik, die bei Attacken dieser Kategorie hervorragend funktioniert. Stellen Sie die Aussage des Angreifers als Fehleinschätzung dar, und er hat kaum Argumente, sie zu widerlegen.

**Wer versucht häufig, Ihnen ein schlechtes Gewissen zu machen?
Wie könnten Sie künftig klar und deutlich kontern, um Ihren Status zu wahren?**

Das Monster zähmen

In meiner Ausbildung hatte ich mit einer Supervisorin zu tun, die gezielt andere schlecht machte. Ihr Auftreten war jenes einer Diva, herrisch kommandierte sie die Menschen in ihrem Umfeld herum. Ihr Verhaltenstypus war dominant und unberechenbar – je nach Laune bezeichnete sie die Teilnehmenden (Psychologinnen, Therapeuten, Wirtschaftscoaches) als ihre Küken – dieser Sprachgebrauch erinnerte mich an Heidi Klum im Umgang mit ihren Models. Oder sie ließ ihr Feedback auf ausgewählte Personen niederprasseln: »Du verhältst dich wie ein verschreckter Schuljunge, das wird hier nichts!« – was mich wiederum an Dieter Bohlen in »Deutschland sucht den Superstar« erinnerte. Diese Dame schaffte es, alle Angriffsflächen zu entdecken, und sie gefiel sich offensichtlich dabei, andere kleinzumachen. Ich beobachtete die Dynamik mit großer Neugier, denn sukzessive wurde sichtbar, wie der Status und das Selbstbewusstsein in der Gruppe sanken. Was mich jedoch am meisten überraschte: Niemand wagte es zu kontern! Nun gut, es war eine Prüfung abzulegen, und in der Jury saß – Sie werden es sich bereits denken können – ebenfalls diese Supervisorin. Aber rechtfertigt das, sich diesen Umgang gefallen zu lassen? Aus meiner Sicht nicht. Denn wer über einen längeren Zeitraum von oben herab behandelt oder verbal schlechtgemacht wird, trägt Verletzungen davon. Und diese Verletzungen brauchen Zeit, bis sie wieder heilen.

Ich empfehle Ihnen: Wenn jemand jenseits der Grenzen von Höflichkeit und Moral abdriftet, kontern Sie! Der verschreckte Schuljunge muss sich doch bitte nicht auch noch so verhalten, nachdem ihm seine Angreiferin schon das Stigma aufgedrückt hat. »Ich finde dieses Feedback nicht angebracht«, stellt klar, dass der Teilnehmer sich von dieser Art der Kommunikation distanziert. Natürlich könnte er auch deduktiv – also ins Detail – fragen: »Was genau meinst du damit?«. Doch solch herrische Personen setzen garantiert noch eins drauf. Darum nehmen Sie lieber gleich Abstand.

Menschen werden immer versuchen, ihre Macht auszuspielen. Diese Dame genoss es speziell, ihren Teilnehmenden ihre Machtposition ständig zu demonstrieren, indem sie verbale Angriffe setzte. Andere machen dies noch verstärkt durch ihre Stimme. Anschreien ist eine heftige Form verbaler Gewalt, weil sie auf mehreren Kanälen wirkt. Durch die Lautstärke wird zusätzlich zum psychischen auch noch räumlicher Druck ausgeübt. Der Empfänger muss sich quasi ducken, um den Druck von sich abzuhalten. Sehen Sie sich die Körpersprache von Menschen an, die angeschrien werden: Sie halten die Hände schützend vor den Körper, meist vor den Kopf, ziehen diesen ein oder halten sich die Ohren zu. So zwingt der Angreifer sein Opfer in die Knie – aus dieser Haltung heraus lässt sich schwer kontern. Deshalb ist es wichtig, bei Angriffen dieser Art bewusst dagegenzuhalten und eine aufrechte Haltung einzunehmen. Atmen Sie weiter und blicken Sie dem Gegner in die Augen. Beobachten Sie sein Verhalten, sodass er dies wahrnimmt. Wenn der erste Ausbruch vorüber ist, erklären Sie, dass Sie dieses Verhalten nicht akzeptieren. Vereinbaren Sie eine Pause oder einen neuen Termin für das Gespräch, so verlieren Sie nicht Ihr Gesicht, wenn Sie Ziel eines solchen Angriffes wurden – womöglich noch vor Publikum. Kommt dieses Verhalten häufig vor, können Sie auch bereits bei Beginn des Ausbruches eine Hand zur Stopp-Geste heben. Unterbrechen Sie laut und deutlich: »Stopp. Dafür stehe ich nicht zur Verfügung.«

Sie selbst entscheiden, wie weit Sie das Verhalten anderer akzeptieren, sei es beruflich, in Ihrer Ausbildung oder in Ihrer Partnerschaft. Wichtig ist, dass Sie sich Gedanken darüber machen, wo Ihre Werte liegen. Wie definieren Sie das Verhältnis Arbeitgeber/Arbeitnehmer, Ehefrau/Ehemann, Eltern/Kinder und so weiter? Setzen Sie Ihre Standards und hinterfragen Sie Ihr eigenes Verhalten. Vielleicht tragen Sie aus Ihrer Vergangenheit unhinterfragte Werte mit, die Sie beeinflussen. Dann verabschieden Sie sich bewusst. Sie sind erwachsen, frei und selbstständig in Ihren Entscheidungen. Finden Sie sich selbst wertvoll, dann werden auch andere es tun! Finden Sie sich nicht wertvoll und meckern an sich selbst herum, brauchen Sie sich nicht zu wundern, wenn sich andere anschließen. Deshalb: Behandeln Sie sich selbst gut, freuen Sie sich, wenn Ihnen etwas gelungen ist. Ihre Nachbarin lobt Sie für Ihre tollen Mehlspeisen? Sagen Sie einfach danke! Machen Sie Ihre Leistung nicht selbst schlecht. Viel zu oft höre ich Gespräche, die so verlaufen: »Oh, deine Torten sind der reinste Traum!« »Ach was, die hier ist ganz einfach.« Warum tiefstapeln? Komplimente tun so gut, nehmen wir sie an. Dann strahlen wir und haben Energie, auch Gutes an andere weiterzugeben. Dieses Charisma sorgt dafür, dass Sie generell weniger angegriffen werden. Wer mit sich im Reinen ist, bietet wenig Flächen und ist als Opfer unattraktiv. Es ist wie in der Tierwelt – das Raubtier holt sich gerne ein Opfer, das schwach und angeschlagen ist. Zähmen Sie also das Monster, indem Sie ihm keine Chance geben!

Der Kosmetikkonzern L'Oreal führt einen der ältesten Werbeslogans der Welt: »Weil ich es mir wert bin« feiert bereits sein fünfzigjähriges Bestehen. Dieses Credo möchte ich Ihnen für harte Fälle ans Herz legen: Sie kontern für sich und Ihren Selbstwert, nicht für Ihren Gegner.

Wenn Menschen verbale Grenzen überschreiten

- **reagieren Sie sofort,**
- **stellen Sie Ihre Grenzen klar,**
- **distanzieren Sie sich,**
- **drehen Sie bei Falschaussagen den Spieß um,**
- **brechen Sie gegebenenfalls das Gespräch ab.**

Welche Fälle wir als hart einstufen, hängt von der eigenen Persönlichkeit ab. Definieren Sie daher klar Ihre ureigenen Werte und Grenzen.

4.3 Von der Pflicht zur Kür – den eigenen Stil entwickeln

Der Schnee knirschte unter meinen Stiefeln, als ich auf den tief verschneiten Reitplatz stapfte. Neben mir trottete Tibet, eine wunderschöne weiße Araberstute. Aus ihren Nüstern stieg der Atem auf und gefror in der kalten Luft. Der Trainer wartete bereits auf dem Platz – heute stand die Kommunikation mit dem Tier auf dem Plan. Nur mit einem lockeren Knotenhalfter und einem Strick ausgestattet, sollten wir gemeinsam schwierige Schrittkombinationen und Hindernisübungen meistern. Der Trainer wies die erste Übung an: Das Pferd sollte mich in einem kleinen Kreis umrunden, ich dabei in der Mitte stehen bleiben. Ich setzte Körpersprache ein, und die Stute setzte sich in Bewegung. Sie hatte schon einen halben Kreis absolviert, als sie plötzlich abbog und sich von mir entfernte. Ich versuchte, sie zurückzulocken – vergeblich. Offenbar hatte das gute Tier andere Pläne. Also zog ich an dem Strick, was eigentlich nicht passieren sollte. Zurück an den Start. Wieder dasselbe. Tibet wollte einfach nicht gehorchen, und ich verlor zusehends die Geduld. Der Trainer schmunzelte und klärte mich schließlich auf: »Iris, du bist einfach zu nett! Das Pferd ist ein Fluchttier, es muss deine Führung akzeptieren, damit du es im Falle einer Gefahr anleiten kannst. Nur nach diesem Kriterium entscheidet es, ob es dir vertraut und folgt.« Damals haderte ich mit mir, weil ich nicht verstand, warum mich der Trainer als »zu nett« eingestuft hatte. Schließlich war ich beruflich als Führungskraft erfolgreich und es gelang mir immer, mit meinem Team ehrgeizige Ziele zu erreichen. Aber eben nicht durch Druck, sondern durch Motivation. Jetzt sollte ich plötzlich nicht mehr nett sein? Das passte doch nicht zu mir! Noch während meine Gedanken um das Wörtchen »nett« kreisten, übernahm der Trainer das Pferd, und binnen Sekunden drehten die beiden die schönsten Pirouetten. Auch er war nett, ruhig – aber forderte konsequent die Aufmerksamkeit des Tieres. Und Tibet schien sich pudelwohl bei ihm zu fühlen.

An diesem Winternachmittag habe ich etwas Wesentliches gelernt: Egal, ob ich auf dem Reitplatz oder auf einer Bühne stehe – so, wie das Pferd entscheidet, tun das auch die Menschen: Wenn Vertrauen aufgebaut ist, sind sie

Lieber ein authentisches Ich als eine aufgesetzte Kopie.

bereit, zu folgen und aufmerksam zu sein. Das gelingt nur durch sicheres Auftreten, klare Kommunikation und das Selbstverständnis, in dieser Situation die Führungsrolle innezuhaben. Bald entwickelte ich meinen eigenen Stil, der auf Freundlichkeit aufbaut, der nett und niemals von oben herab ist. Ich lernte, auf der Bühne, in Meetings und Verhandlungen die Grenze zwischen nett und zu nett nicht zu überschreiten und damit sympathisch in Führung zu bleiben.

Ich halte wenig davon, aufgesetzte Muster anzuwenden und eine Verhaltensweise zu imitieren, die nicht der eigenen Persönlichkeit entspricht. Wie oft haben mir Menschen erzählt, dass sie in Seminaren das Feedback erhalten haben: »Du musst viel härter werden!«. Das funktioniert aus meiner Sicht schwer und sollte auch nicht Ziel einer Persönlichkeitsentwicklung sein.

Menschen wirken erst dann authentisch in ihrem Tun, wenn sie ihre eigene Marke, ihren eigenen Stil entwickelt haben und diesen konsequent leben. In diesem Kapitel möchte ich Ihnen zwei Personen vorstellen, die sich mit diesem Thema bereits erfolgreich beschäftigt haben.

Lorenz: So bin ich eben!

Viele Menschen, die zu mir kommen, um in ein Coaching einzusteigen, entscheiden sich aus einem konkreten Anlass dazu. Manche sind schon über einen längeren Zeitraum hinweg mit bestimmten Gesprächssituationen oder ihrer Verhandlungsposition unzufrieden. Meist ereignet sich dann noch ein konkretes Erlebnis, welches das Fass endgültig zum Überlaufen bringt. So erging es auch Lorenz, der in einem internationalen Unternehmen eine Produktionssparte mit dreihundert Mitarbeitern anvertraut bekam. Was Lorenz in seiner neuen Position grob unterschätzt hat, war der Abgleich seiner eigenen Ziele mit jenen seiner Belegschaft.

Lorenz ist gewissenhaft, plant alles bis ins kleinste Detail und verliert sich darin manchmal selbst. Seine Aufgabenorientierung ist so stark ausgeprägt, dass er darüber die Beziehungsebene vollkommen übersieht. Er ist ein eindeutiger Vertreter des Distanztypus. Harmonie und Nähe sind ihm weit weniger wichtig als die korrekte Ausführung von Arbeitsaufträgen. Er sieht keinen Grund, warum er ein persönliches Verhältnis zu seinen Mitarbeitern aufbauen soll. »Dienst ist Dienst, Schnaps ist Schnaps!« war sein Motto. Entsprechend dominant und distanziert war auch sein Führungsstil – und wurde ihm fast zum Verhängnis.

Endlich habe ich!

Lorenz ist ein sehr gewissenhafter Mensch. Akribisch plant er seine Abläufe, und zwar privat wie beruflich. Auch seine Karriere entwirft er auf dem Reißbrett, und die Ernennung zum technischen Betriebsleiter passte exakt in sein sorgfältiges Timing. Die Aufgabe ist herausfordernd, das ist Lorenz klar. Um die Produktionssparte mit dreihundert Mitarbeitern im Schichtdienst zu steuern, steht ihm ein Kernteam von zehn Personen zur Verfügung. Dadurch lässt sich genau einteilen, wer welchen Bereich kontrolliert, und Lorenz muss einfach sein Kernteam im Blick behalten. Fairness ist ihm wichtig, genauso wie ein einheitlicher Informationsstand seines Kernteams. Deshalb gibt Lorenz seine Vorgaben gleich zu Beginn per schriftlicher Dienstanweisung an seine Mitarbeiter weiter. In den regelmäßigen montäglichen Kernteam-Besprechungen legt er als Auftakt seine Agenda auf den Tisch und schreitet mit der Besprechung präzise voran. Niemand aus seinem Team kennt ihn als Person, Lorenz vermischt niemals Privates mit Beruflichem. Auch Small Talk oder ein lockerer Einstieg ins Meeting (»Wie war euer Wochenende?«) hat aus seiner Sicht hier nichts verloren und wäre reine Zeitverschwendung.

In den ersten Wochen in der neuen Position läuft es aus Lorenz Sicht gut an. Jeder weiß, was er zu tun hat, es kommen kaum Rückfragen aus dem Team. Doch als das Unternehmen dann eine Umstrukturierung plant, bemerkt Lorenz, dass es in der Belegschaft rumort. Lorenz befürchtet Proteste und Boykotte. Er befragt einige Kollegen aus seinem Kernteam, doch niemand will ihm eine nähere Auskunft geben. Lorenz bekommt mehr und mehr das Gefühl, dass hinter seinem Rücken getuschelt wird und er stets der Letzte ist, der etwas erfährt. Dieser Verdacht nagt an ihm und lässt ihm keine Ruhe. Per Dienstanweisung nominiert

Lorenz ein Mitglied des Kernteams als Sprachrohr, das ihm künftig alle Themen und Gerüchte der Belegschaft mitteilen soll. Damit müsste das Problem doch gelöst sein, ist sich Lorenz sicher. Was er nicht bemerkt und aufgrund seiner Art zu denken auch gar nicht bemerken kann: Das Sprachrohr übermittelt ihm nur ausgewählte Gerüchte, die zum Teil nichts mit den tatsächlichen Sorgen der Belegschaft zu tun haben. Schließlich steht dieser Mitarbeiter mit seiner unglücklichen Spionageaufgabe unter peinlicher Beobachtung der anderen.

Eines Tages erscheint ein Teil der Belegschaft nicht zum Dienst. Lorenz muss dadurch selbst dringend die Lieferung für ein Projekt sicherstellen – ein Lieferverzug würde mit einer hohen Strafzahlung sanktioniert. Lorenz weiß, dass ihn eine solche monetäre Strafe mit hoher Wahrscheinlichkeit seinen Job kosten wird. Panisch versucht er, den zuständigen Schichtleiter zu erreichen, doch dieser scheint untergetaucht zu sein. Auch sein Kernteam reagiert äußerst zäh und steigt nicht in den Alarm- und Hilfsmodus ein, den Lorenz erwartet hat. Sein Adrenalinspiegel steigt rapide. Ein emotionaler Cocktail aus Hilflosigkeit, Panik und Zorn überkommt ihn. Er donnert ins Büro seines Sprachrohres und schreit den Mitarbeiter an: »Sie tun jetzt etwas! Sofort!« Doch dieser schüttelt nur stumm den Kopf. Lorenz spürt es plötzlich wie einen Schlag ins Gesicht: Man lässt ihn hier gerade bewusst gegen die Wand fahren. Seine Belegschaft hat sich gegen ihn verschworen. Wenn er nicht sofort handelt, leitet er seinen eigenen Rauswurf ein.

Lorenz nimmt sich zusammen, und entgegen seinem sonstigen Verhalten macht er sich auf den Weg in den Produktionsbereich. Es kostet ihn Überwindung, doch es muss sein, sonst ist er verloren. Eine Stunde lang geht er auf jeden zu, den er erwischen kann, bittet persönlich um Unterstützung – und er merkt, dass es funktioniert. Zäh, aber dennoch kommen die Arbeiter in die Gänge. Lorenz klemmt sich hinter das Telefon und unterstützt die Logistik. Als am Abend der letzte Bauteil die Halle verlässt, fällt ihm ein Stein von Herzen. Sie haben es geschafft! Zusammen! Gut, dass er an diesem Tag über seinen Schatten gesprungen ist.

Lorenz hatte an diesem Tag sein persönliches Schlüsselerlebnis. Viele Menschen haben einen großen blinden Fleck, wenn es um ihre eigenen Verhaltensmuster geht. Sie merken zwar, dass sie immer wieder in ähnliche Situationen geraten, schieben aber die Verantwortung dafür auf ihr Umfeld. Die Begründungen reichen dann von »Ich bin eben so, aber keiner versteht mich!« bis hin zu »Ich habe doch klar kommuniziert, was ich will. Ich weiß nicht, was daran so schwer zu verstehen ist!«. Mit diesen Aussagen blockieren wir uns selbst, sie implizieren, dass ausschließlich wir selbst auf dem richtigen Weg sind und die anderen sich gefälligst anzupassen haben. Aus Kommunikationssicht ist das fatal. Wir dürfen niemals davon ausgehen, dass andere sich unseretwegen verändern werden. Lorenz wurde bewusst, dass er mit seinem nüchtern-sachlichen Verhalten bestenfalls Dienst nach Vorschrift erwirkt, doch mit dem Spionageauftrag hat er sich bei seinen Mitarbeitern total disqualifiziert. Lorenz muss lernen, die Bedürfnisse seiner Mitarbeiter zu erkennen und diese genau dort abzuholen, wo sie stehen. Das ist ohne den aktiven Aufbau einer funktionierenden Beziehungsebene nicht möglich. Und hier kommt der Punkt, an dem Lorenz sein Verhalten auch nach diesem Erlebnis ändern muss. Ein erster Schritt ist es dabei, den regelmäßigen Abstimmungsterminen einen menschlichen Aspekt beizumischen. Lorenz braucht dazu nichts höchst Persönliches preiszugeben, wenn er das nicht möchte. Aber er muss beginnen, kleine Türöffner einzubauen. Er kann zum Beispiel Kundenfeedback vorbringen und es mit den Kollegen teilen: »Stellt euch vor, heute hat mich Kunde XY angerufen und unsere Arbeit gelobt …«. So beginnt sein Meeting persönlicher und positiver als bisher, und diese gute Stimmung kann sich in der Folge weiter ausbreiten.

Lorenz braucht sich dabei nicht zu verbiegen. Seine Belegschaft kennt ihn als nüchternen, sachlichen Typen und wäre höchst irritiert, wenn er plötzlich einen völlig neuen Stil aufsetzen würde. Aber er kann seinen Stil mit einigen Elementen sympathisch machen, indem er ein kleines Stück von seiner Person preisgibt. Genau das durfte ich übrigens mit Lorenz im Coaching erarbeiten, und es hat hervorragend funktioniert. Heute gibt es sogar einmal im Monat einen Freitagnachmittag, an dem alle zu einer Jause eingeladen sind – organisiert von Lorenz, der selbst ebenfalls teilnimmt. »Nur eine Jause, keine Mitarbeiterinfo und keine Zahlen? Glaubst du, dass das jemanden interessiert – vielleicht halten sie es für Zeitverschwendung!«, zweifelte Lorenz zu Beginn. Er ging von sich selbst aus. Doch die Perspektive der Mitarbeiter war eine andere: Sie kamen zahlreich und freuten sich über die Wertschätzung. Nüchtern, aber mit Herz – das ist heute Lorenz persönlicher Stil.

Wie versuchen Sie, Ihre Ziele durchzusetzen? Analytisch, emotional, mit Druck?
Welche persönlichen Stilelemente könnten Ihr Verhalten noch optimieren?

Manuela: Harmonie, aber nicht um jeden Preis

Manche Menschen haben ein ausgeprägtes Harmoniebedürfnis. Ihnen ist gute Stimmung am Arbeitsplatz wichtig, Konfrontationen sind ihnen zuwider. Bevor es unangenehm werden könnte, geben sie lieber nach und machen gute Miene zum bösen Spiel. Doch auf Dauer geht das auch für Harmoniemenschen nicht gut – irgendwann läuft das Fass über, und dann besteht die Gefahr (zu) heftiger Reaktionen. Manuela ist so ein Typ, und einer ihrer Vorgesetzten nutzte ihr Harmoniebedürfnis für seine als Scherz verschleierten Attacken.

Endlich habe ich!

Manuela ist Sekretärin in einer Anwaltskanzlei. Umsichtig betreut sie zwei Rechtsanwälte, nicht nur im Schriftverkehr, sondern auch im Kundenkontakt, bei der Gästebewirtung und organisatorischen Themen. Sie ist damit voll ausgelastet und jongliert ihre Aufgaben dank perfekter Planung souverän. Ihr Büro befindet sich genau zwischen den Büros der beiden Anwälte, sie arbeitet praktisch im Vorzimmer. Entsprechend häufig kommen ihre Chefs auch an ihrem Arbeitsplatz vorbei – eine typische Situation im Sekretariat. Manuela stört das nicht, im Gegenteil, so hat sie alles gut im Blick. Die beiden Anwälte sind unterschiedliche Typen. Während der eine geschäftlich-wertschätzend auftritt, macht der andere gerne das eine oder andere Scherzchen auf Kosten anderer. Bei Manuela hat er es sich zur Gewohnheit gemacht, sie mehrmals täglich mit vermeintlich lustigen Kommentaren zu ihrem Arbeitspensum zu bedenken. »Na, eh wieder nichts zu tun?« oder »Du gehst heute schon nach Hause? Na ja, wer später anfängt, darf auch früher aufhören, haha!«

Anfangs hat sich Manuela nichts dabei gedacht, sie hat mit ihrem Chef gelacht und einen kleinen Scherz zurückgegeben. Doch mit der Zeit hat der Mann sich auf diese Schiene eingefahren – sämtliche Scherze Manuela gegenüber drehen sich darum, dass sie offenbar zu wenig zu tun hat. Sie findet das mittlerweile gar nicht mehr lustig, obwohl sie noch immer Heiterkeit vortäuscht. Als der vorwitzige Chef sie fragt, ob sie als zusätzliche Aufgabe die Abrechnung der Reisespesen für die Kanzlei übernehmen kann, stimmt sie sofort zu. Manuela weiß, dass sie damit an die Grenze ihrer Belastbarkeit geht, doch vielleicht würde dieser Chef dann endlich, endlich erkennen, wie sehr sie ausgelastet ist. Dies ist natürlich nicht der Fall, die Scherz-Kaskade ergießt sich weiterhin über Manuela.

Zwei Monate später hält sie den Druck und die eskalierenden Scherze nicht mehr aus. Sie weiß: Es ist Zeit zu handeln. Doch wie sollte sie das mit ihrem extremen Bedürfnis nach Harmonie nur anstellen? Manuela hat Angst vor Konflikten, deshalb lässt sie sich mehr gefallen, als ihr guttut. Kündigen ist keine Option, damit würde sie vor sich selbst weglaufen. Hart kontern? Niemals ihr Stil. Manuela entscheidet sich für den freundlich-sachlichen Weg. Am nächsten Morgen, als der Chef wieder mit einem flotten Spruch an Manuelas Platz vorbeiflaniert, lacht sie nicht. Stattdessen dreht sie sich ihm zu, legt die Akten zur Seite und sieht ihn direkt an. »Rainer, mir fällt auf, dass du mich sehr häufig auf mein Arbeitspensum ansprichst. Gibt es aus deiner Sicht irgendein Problem?«, fragt sie mit freundlicher, aber ernster Stimme. »Nein, wieso? Das sind nur Scherze, ohne dich wären wir hier alle verloren!« Manuela fällt ein Stein vom Herzen. Nun macht ihr der alte Scherzbold sogar noch ein Kompliment! »Alles klar, dann bitte ich dich, diese Scherze zu unterlassen, weil sie mich trotz allem treffen.«

Manuelas Geschichte zeigt, in welch vielfältigen Verkleidungen Angriffe daherkommen können. Die Tücke an diesen nur vermeintlich lustigen Kommentaren liegt darin, dass der Empfänger meist intuitiv reagiert. Lacht uns jemand an oder spricht uns mit heiterer Stimme an, werden in unserem Gehirn Spiegelneuronen aktiviert. Das sind Nervenzellen, die Aktivitätsmuster, Gefühle und Stimmungen auslösen. Spannend ist, dass die Spiegelneuronen das bereits tun, wenn wir beim Gegenüber ein Verhalten oder eine Handlung auch nur beobachten – nicht erst, wenn wir es selbst tun. Ein Lachen, eine offene Körperhaltung und ein fröhlicher Tonfall lösen damit eine positive Stimmung in uns aus. Wir lachen also schon mit, ehe wir es begreifen. Sind wir einmal in das Lachen eingefallen, ist es schwer, wieder zurückzurudern, auch wenn wir dann bemerken, dass der Scherz gerade auf unsere Kosten ging. Psychologen nennen dieses Verhalten »Prinzip der Konsistenz«: Wer A sagt, muss auch B sagen. Haben wir uns für etwas entschieden, bleiben wir dabei, besonders wenn wir in Gruppen unterwegs sind. Was würden denn sonst die anderen denken?

Menschen, die andere durch Scherze in ein schlechtes Licht rücken, haben sich genau diese Mechanismen zunutze gemacht – meist sogar unbewusst. Aber es funktioniert, und das regt den Scherzbold natürlich dazu an, fröhlich weiterzumachen und sich auf Kosten anderer selbst besser zu fühlen. Eine Steigerungsform bieten uns jene frisch-fröhlichen Zeitgenossen, die ihre Scherze mit Sprichwörtern oder Binsenweisheiten verknüpfen. »Jaja, was man nicht im Kopf hat, hat man in den Beinen!« oder »Was der Bauer nicht kennt ...« – sie scheinen für jeden Anlass einen Spruch auf den Lippen zu haben. Das Umfeld stuft diese Personen meist gar nicht als unfair oder boshaft ein, weil sie sich umgänglich und humorvoll geben. Deshalb bleiben ihre Attacken lange unerkannt, selbst vom Opfer. Bevor es sich zur Wehr setzt, wird es gut überlegen, denn wer will schon als Spielverderber gelten, der nicht einmal einen kleinen Witz aushält.

Erkennt der Scherzbold, dass er eine Grenze überschritten hat, hängt er gerne ein »Nichts für ungut!« oder »Sorry, war nur ein kleiner Witz!« daran, um seine heitere Absicht weiter zu bekräftigen. Die versteckte Botschaft des Scherzes bleibt dennoch am Empfänger kleben, wenn dieser nicht kontert. Und das fällt Harmoniemenschen wie Manuela oft schwer. Doch sie hat gelernt, es zu schaffen und ihr Bedürfnis nach guter Stimmung nicht zu verraten. Heute setzt Manuela ihren Stil bewusst ein: Fällt ihr etwas auf, kontert sie sofort freundlich: »Wie meinst du das?« oder »Mir fällt auf, dass …«. Damit bleibt sie sich treu und im Gespräch in Führung.

Wie reagieren Sie üblicherweise, wenn ein Scherz auf Ihre Kosten geht? Welchen Wert hat Harmonie für Sie?

Freiherr von Knigge und sein Denken über Stil

Wenn heute von Stilfragen gesprochen wird, wird der Knigge meist im selben Atemzug genannt. Der Name dieses Edelmannes, der im 18. Jahrhundert lebte, wird gleichgesetzt mit perfekten Umgangsformen und strengen Benimmregeln. Dabei war der gute Herr ein Rebell seiner Zeit, der fand, dass die damals gelebte Kluft zwischen den Gesellschaftsschichten nur überbrückt werden konnte, wenn sich alle an bestimmte Werte hielten. Im Jahr 1788 erschien das berühmteste Buch von Adolph Freiherr von Knigge »Über den Umgang mit Menschen« – es war schon damals ein Erfolg. Knigges Werk ist eine Aufklärungsschrift: Er ermutigt seine Leser, auf die Stimme ihres Herzens zu hören. Er kritisiert arrogantes, hochmütiges Verhalten. Ihm ging es um Werte, die sich durch das Benehmen ausdrücken. Gute Umgangsformen sind von gegenseitiger Achtung, von Freundlichkeit und Respekt geprägt. Sie erfordern Fingerspitzengefühl und eine gezielte Beobachtung: Wo befinde ich mich? Wer ist mein Gegenüber? So können wir Augenhöhe herstellen, auch wenn wir unterschiedlichen Ranges oder unterschiedlicher Herkunft sind.

Wenn es um Ihren persönlichen Konter-Stil geht, sollten Sie nicht nur Ihren Verhaltenstypus kennen und beherzigen. Vielmehr zählen Empathie, Perspektivenwechsel und das Eingehen auf Ihr Gegenüber, um es in seiner Position zu verstehen und abholen zu können. Dominante, aufgabenorientierte

Menschen müssen sich meist erst bewusst machen, dass manche Menschen eben mehr Einfühlsamkeit brauchen und unter Druck gar nichts geht. Das ist ein Prozess, der nicht von einen Tag auf den anderen vonstattengeht. Aber Schritt für Schritt können Dominante ihren Stil prägen, indem sie von ihrem Thron herabsteigen und gezielt nachfragen, wie es dem anderen geht, wie seine Sicht der Dinge ist. Harmonische Menschen hingegen können ihren Stil prägen, indem sie sich klarmachen: Ich gefährde nicht die Stimmung, wenn ich freundlich kontere. Ganz im Gegenteil – wenn ich mich nicht auf die Beine stelle, geht irgendwann der Deckel hoch, und damit ist keinem gedient. Pflegen Sie die dominanten Anteile Ihrer Persönlichkeit – auch harmonische Menschen haben diese Züge! Die Ausrede »So bin ich eben!« gilt ab sofort nicht mehr. Jeder Mensch kann sich auf andere einstellen, jeder Mensch hat Anteile aller Wesenszüge in sich. Einer dieser Wesenszüge ist meist im Grundverhalten stärker ausgeprägt, aber das heißt nicht, dass wir deshalb alle anderen ignorieren sollen.

Ich durfte als Coach schon so viele Menschen begleiten und erleben, wie sie ihren persönlichen Stil kultiviert haben – und zwar ohne sich zu verbiegen. Der Schlüssel liegt im Willen zur Entwicklung, im Beobachten und im bewussten Aufnehmen einzelner Verhaltensänderungen. Viele Wege führen zum Ziel, doch jede, jeder von uns ist einzigartig und sollte einen individuellen Stil entwickeln, um zu seinem oder ihrem individuellen Ziel zu gelangen!

Finden Sie Ihren persönlichen Stil, indem Sie

- **Ihren Verhaltenstypus anerkennen,**
- **zu Ihren Werten stehen,**
- **so kontern, dass Sie sich wohlfühlen,**
- **dennoch klar und deutlich kommunizieren,**
- **bereit sind, Ihr Verhalten der Situation anzupassen.**

Bleiben Sie flexibel – Ihr Konter-Stil ist nicht in Stein gemeißelt, sondern ein lebenslanger Entwicklungsprozess.

4.4 Zieleinlauf – selbstverständlich kontern und Erfolge feiern

Wir Österreicher haben den Ruf, uns nicht gerne festzulegen. »Schauen wir einmal« ist eine beliebte Antwort, wenn man nachfragt, was jemand genau in einem Gespräch erreichen möchte. Vor einiger Zeit durfte ich mit einem Einkaufsleiter eine Preisverhandlung vorbereiten. Sein Motto beinhaltete noch eine Steigerungsstufe: »Schauen wir mal, dann sehen wir schon.« Ich war bass erstaunt, als er mir noch von seiner Strategie berichtete: »Erst freundlich sein, dann das Messer ansetzen.« Zum Glück hatte er sich bereit erklärt, an seinem Verhandlungsstil zu arbeiten, um mit Struktur und einer wertschätzenden Strategie nachhaltig Erfolge zu erzielen. Gemeinsam betrachteten wir seine Herangehensweise. Wir steckten eine Zielspanne aus Optimal- und Minimalziel, erarbeiteten ein Verhaltensprofil seines Verhandlungspartners und legten dann eine Gesprächsstrategie fest: Ein freundlicher Einstieg mit Small Talk, dann einige Worte zur derzeitigen Situation des Unternehmens. Anschließend den Verhandlungspartner einladen, seine Punkte zu präsentieren. Durch offene Fragen so viele Informationen wie möglich erhalten und die Einschätzung des Verhandlungspartners abfragen. Dann kommt der Richtpreis aufs Tapet, den der Einkaufsleiter noch unter sein Minimalziel gesetzt hatte. So arbeiteten wir Schritt für Schritt die Argumente durch, die der Einkaufsleiter aufgrund seiner Erfahrung bereits vorhersagen konnte. Wir bereiteten die wichtigsten Gegenargumente im Vorfeld auf und trainierten sie sogar in einem Rollenspiel. Sie kennen das bestimmt aus Seminaren: Keiner mag Rollenspiele, und dennoch haben sie einen unschlagbar hohen Lerneffekt. Der Einkaufsleiter war jedenfalls begeistert: Noch nie hatte er so strukturiert gearbeitet und mit Leichtigkeit seine Ziele erreicht. Und nicht nur das: Wir ersetzten die Bezeichnung »Gegner« durch »Verhandlungspartner« – mit der Absicht, nachhaltige Ergebnisse zu erreichen und nicht den anderen mit sprichwörtlich vorgehaltenem Messer zu einem einmaligen Zugeständnis zu zwingen.

Jeder Sieg lässt uns ein Stück aus der Komfortzone herauswachsen.

Sie sehen: Kontern lässt sich vorbereiten, Argumente lassen sich trainieren. Es ist nur eine Frage des Wollens, der Konsequenz und klarer Ziele. Erst, wenn etwas einen Namen hat, kann man es verändern. Das ist einer meiner Leitsätze im Coaching. Nennen Sie beim Namen, was Sie erreichen wollen, was Ihnen nicht passt, was Sie verändern wollen. Andernfalls besteht immer die Gefahr der sich einschleichenden Unzufriedenheit und des Opfergefühles, aus dem heraus wir nur mehr zynisch oder giftig kontern können. Wer jedoch ganz selbstverständlich Informationen und Argumente hinterfragt, seine eigenen Ziele ins Rennen bringt und erkennt, dass Kontern kein Kampf sein muss, wird sukzessive in seiner Rhetorik wachsen.

Wie man in den Wald hineinruft ...

In Seminaren sagen mir Teilnehmende oft: »Du hast ja leicht reden! Rhetorik ist dein Beruf, da ist klar, dass du mit jeder Situation zurechtkommst.« An dieser Stelle muss ich immer kontern: Ja, Rhetorik ist mein Beruf, den ich mit großer Leidenschaft ausübe. Mit schwierigen Situationen komme ich aber deshalb zurecht, weil ich es so entschieden habe. Der berühmte Konfliktmediator Marshall B. Rosenberg setzt in seinem legendären Konzept der Gewaltfreien Kommunikation diese Entscheidung gleich mit der Bereitschaft, von Herzen zu geben und zu nehmen. Über viele Jahre habe ich mir Gedanken darüber gemacht, ob ich vielleicht zu nett oder zu nachgiebig bin, weil es mir so leichtfiel, schwierige und konfliktbehaftete Situationen zu lösen. Bis ich erkannte: Nein, es ist eine Entscheidung, die nichts mit nachgeben oder Zugeständnissen zu tun hat, sondern lediglich damit, den anderen nicht gleich zu be- oder verurteilen. Denn sobald ich be- oder verurteile, stelle ich mich über andere und bringe sie in die Situation, anzugreifen oder sich zu verteidigen. Diese Erfahrung hat auch Sarah gemacht – und hätte beinahe ihren Assistenten verloren.

Endlich habe ich!

»Nie bekomme ich die Unterlagen rechtzeitig, wenn ich sie brauche!«, fährt Sarah Max an. Sie ist außer sich, weil sie in zehn Minuten die Präsentation vor dem Vorstand halten soll und ihr Assistent offenbar bis jetzt keine Zeit gefunden hat,

ihr die benötigten Zahlen aufzubereiten. Das kann doch wohl nicht wahr sein! Dass man so schlecht organisiert sein und nicht einmal die wichtigsten Termine einhalten kann, unmöglich! Auch das teilt sie Max noch mit Nachdruck mit. Max starrt Sarah ungläubig an. Er möchte etwas sagen, doch Sarah setzt ihre Tirade fort. Sie steht unter massivem Druck und lässt so richtig Dampf ab: »Du kannst ja jeden Tag um fünf nach Hause gehen. Aber ich – ich trage hier viel mehr Verantwortung. Und genau das verstehst du scheinbar nicht!«

Max klappt die Kinnlade herunter. Das macht Sarah nur noch wütender. Sie könnte explodieren. Muss sie sich denn um alles selbst kümmern? Seit einem halben Jahr ist Max ihr Assistent, seine Aufgaben sind klar definiert. Die Unterstützung der Abteilungsleiterin bei der Erstellung von Präsentationen zählt auch dazu. Doch Max scheint das nicht ernst zu nehmen. Bald wird sie sich etwas überlegen müssen, denn so kann sie nicht arbeiten. Doch einen neuen Assistenten wird sie nicht bekommen, da wird sich die Geschäftsleitung querlegen – vor Max hatte Sarah es bereits zweimal mit Assistentinnen versucht, aber mit keiner hat es geklappt. Sie ist eben einmal ehrgeizig und hat hohe Ansprüche. Deshalb versteht sie auch nicht, dass andere so uneinsichtig und schlecht organisiert sein können.

Ohne Max zu Wort kommen zu lassen, stapft sie aus dem Büro in Richtung Meetingraum. Sie weiß, dass es beim Vorstand nicht gut ankommen wird, wenn sie die aktuellen Zahlen nicht vorbereitet hat. Nun wird sie all ihren Charme einsetzen müssen oder, noch besser, sie schiebt die Schuld für die fehlenden Zahlen einfach auf ihren unfähigen Assistenten. Noch bevor sie den Meetingraum erreicht, hat Max sie eingeholt. Er wirft ihr die Kopien für die Teilnehmenden entgegen und presst durch die zusammengebissenen Zähne: »In Zukunft kannst du sehen, wer dir die Arbeit macht, du Egoistin. Der Stick mit der Präsentation samt Unterlagen ist seit acht Uhr auf deinem Tisch!«

Sarah fasst es nicht. Ihr wird heiß und kalt zugleich. Etwas Derartiges hat ihr noch nie jemand gesagt. Hoffentlich hat das niemand gehört! Plötzlich läuft ihr ein Schauer des Entsetzens über den Rücken: Vielleicht liegt es wirklich an ihr, dass sie keine Person dauerhaft halten kann? Privat geht es ihr ja nicht anders. Ihre Freundinnen sind eher gute Bekannte, und einen Lebenspartner finden – tja, eine never ending story. Hier im Berufsleben ist ihr Assistent Max wenigstens einer, mit dem man reden kann!

Sarah weiß, nun muss sie schnell entscheiden. Sie muss etwas tun, das ganz und gar nicht ihrer Haltung entspricht: Sie muss sich entschuldigen. Sarah atmet tief ein, dann springt sie über ihren Schatten und sagt Worte, die sie noch nie über die Lippen gebracht hat: »Max, es tut mir leid.«

In Sarahs Fall liegt die Vermutung nahe, dass sie ihren eigenen Perfektionismus auf andere überträgt. Bis zu diesem Erlebnis war sie voller Vorurteile und getrieben von dem Glaubenssatz: »Keiner kann das so gut wie ich!«. Doch in ihrer Schrecksekunde – als Max ihr zornig die Unterlagen entgegenwirft – passiert etwas Entscheidendes: Sarah erkennt plötzlich, dass es an ihr liegt. Ihr Berufs- und Privatleben läuft vor ihrem inneren Auge ab und sie sieht die Parallelen. Bewusst entscheidet sich Sarah dafür, ihre Kommunikation zu ändern. Sie gesteht ihr Verhalten ein und entschuldigt sich bei Max. Künftig weiß sie: Wenn sie etwas ärgert, muss sie zuerst die Situation beobachten und beschreiben, ohne zu werten. »Max, ich habe um zehn Uhr die Präsentation beim Vorstand und kann die Präsentation nicht finden. Hast du sie erstellt?« So hat Max sofort die Chance, sie auf die Unterlagen hinzuweisen. Sarah wird in Zukunft darauf achten, die Situation zu beschreiben und nicht sofort zu urteilen. Sie wird lernen, die Meinung ihres Gegenübers anzuhören. Wenn ihr etwas nicht passt, wird sie sich bemühen, nicht gleich in einen Schwall von Vorwürfen auszubrechen und stattdessen Bitten zu äußern.

Mit Druck, Stress oder schwierigen Situationen zurechtzukommen bedingt eine bewusste Entscheidung: Wie will ich reagieren? Möchte ich den anderen anklagen, verurteilen, kleinmachen oder will ich einen Dialog herbeiführen, damit auch die künftige Zusammenarbeit oder Partnerschaft auf festem Fundament steht? Dann muss ich mich von der Denkweise befreien, ständig um mich zu schlagen, und stattdessen den Mut aufbringen, meine Beobachtungen, meine Gefühle und meine konkreten Wünsche zu äußern. Nun höre ich schon ein paar kritische Gegenstimmen: »Das ist viel zu nett, das geht gar nicht immer! Soll doch der andere anfangen – warum muss immer ich den ersten Schritt tun?« Ganz einfach: Weil Sie führen. Wenn Sie Ihre Ziele erreichen wollen, müssen Sie Führung übernehmen und Wege vorgeben – und zwar so, dass der andere aus freien Stücken mit Ihnen geht.

In welcher Situation haben Sie das Gefühl, dass Sie immer wieder auf dasselbe Problem stoßen und sich nichts ändert?
Wie sind Sie in solchen Fällen bisher in Ihrer Kommunikation vorgegangen?

Was 007 seinen Gegnern voraushat

Sehen wir uns zum Abschluss noch eine Persönlichkeit an, die in ihrer eloquenten Art, Ziele zu erreichen, wohl kaum zu toppen ist. Obwohl ständig fiesen Gegnern und höchsten Gefahren ausgesetzt, bewahrt er die Contenance, ist ganz Gentleman und vermittelt durch seine Körpersprache höchste Souveränität. Eine Anspielung oder ein verbaler Untergriff sind für ihn noch lange kein Grund, aus der Fassung zu geraten. Im Gegenteil – er gibt seinem Gegner gerne das Gefühl, überlegen zu sein, und lässt ihn sich in Sicherheit wiegen. Durch den gewonnenen vermeintlichen Hochstatus wird der Gegner unvorsichtig. Doch dann ist es zu spät: James Bond hat sich bereits eine Taktik zurechtgelegt. Nicht umsonst ist der Geheimagent weltberühmt geworden: eloquent, selbstbewusst und humorfähig bekommt er alle Gegner und noch so herausfordernden Situationen in den Griff. Was bedeuten diese Eigenschaften? Eloquent: Der Geheimagent ist achtsam im Umgang mit sich selbst und seinen Mitmenschen. Er ist stets gut gekleidet und verfügt über hervorragende Umgangsformen. Selbstbewusst: Bond weiß, dass er bestens ausgebildet ist und über modernste Waffen verfügt. Dieses Wissen spiegelt sich in seinem Auftreten. Humorfähig: Bei allem Ernst der Situation bleibt immer Zeit für einen kleinen Scherz oder Situationskomik. Denn James, der

Einzigartige, weiß ganz genau: Humor macht schließlich im Denken frei und ermöglicht kreatives Handeln.

Wir können uns von 007 eine Menge abschauen, wenn es um treffendes Kontern geht. In Coachinggesprächen erlebe ich oft, dass schon der Gedanke an die Figur des James Bond Menschen hilft, aufrechter und sicherer in schwierige Situationen zu gehen. Ein Punkt, dem leider oft zu wenig Beachtung geschenkt wird, ist die Kleidung. Wer es wie der Geheimagent macht und auf ein tadelloses Erscheinungsbild achtet, zeigt damit auch, wie er sich selbst sieht. Dazu kommt, dass die Wahl der Kleidung nicht nur auf unser Umfeld wirkt, sondern auch die eigene Kritikfähigkeit beeinflusst. Psychologische Untersuchungen zeigen immer wieder, wie stark der Einfluss von Kleidung auf die persönliche Leistungs- und Kritikfähigkeit ist.

Rita, Personalleiterin in einem Lebensmittelkonzern, bringt den Effekt mit ihren aufrichtigen Zeilen auf den Punkt:
»Es war letzten Sommer, mitten in einer Hitzewelle. Da unsere Büroräumlichkeiten sich sehr aufheizen, wählte ich am Morgen ein luftiges Sommerkleid mit schmalen Trägern. Ich wollte mich wohlfühlen und nicht den ganzen Tag schwitzen. Um vierzehn Uhr hatten wir Management-Meeting, da bin ich immer die einzige Frau. Ich war sicher, dass – nachdem es außergewöhnlich heiß war – auch die Männer zu lockerer Kleidung gegriffen hatten. Doch dem war nicht so. Alle Herren trugen Anzug, und ich war die Einzige mit nackten Schultern und Armen. Ich fühlte mich wirklich nackt, obwohl natürlich keiner etwas sagte. Aber das ganze Meeting hindurch fühlte ich mich kleiner und unsicher. Das wirkte sich leider auch auf meine Präsentation aus, die ich nicht mit der gewohnten Kraft halten konnte.«

Nun stellen Sie sich vor, Rita wäre auch noch Kritik oder gar Angriffen ausgesetzt gewesen. Ihr Konter wäre vermutlich in Zurückhaltung oder Rechtfertigung untergegangen. Für Rita war dieses Erlebnis ausschlaggebend, stets einen Blazer in ihrem Büro zu haben, den sie bei Bedarf überzieht. »Nie wieder nackt unter Angezogenen!«, resümierte sie mit einem Augenzwinkern.

Sollten Sie nun empört meinen, diese Geschichte sei sexistisch – nein, ist sie nicht. Das Erlebnis, nicht adäquat gekleidet zu sein, passiert unter allen Geschlechtern. Wenn an Ritas Stelle ein Kollege zum Meeting erschienen wäre und dieser nur ein dünnes T-Shirt getragen hätte, wäre derselbe Effekt eingetreten. Einer meiner Kunden hat mir von diesem Effekt sogar mit Kurzarm- versus Langarmhemden berichtet. Oder können Sie sich James Bond in einem Kurzarmhemd vorstellen?

Seien Sie daher achtsam und bewusst in der Wahl Ihrer Garderobe. Lieber einen Deut zu gut gekleidet als zu leger oder zu spärlich. Mit der Kleidung stellen Sie Status und Augenhöhe her – oder Sie zerstören sie, indem Sie sich gleich von vornherein selbst Tiefstatus verleihen. Das Gefühl, das dadurch in Ihnen entsteht, können Sie nur schwer durch Wirkung wettmachen. Sind Sie hingegen gut und zu Ihrem Typ passend gekleidet, so fühlen Sie sich wohl und selbstsicher. Sie bringen sich in Diskussionen ein und werden in Ihrer Präsenz wahrgenommen. Das gibt Ihnen die Möglichkeit, auch in unangenehmen Situationen den Überblick zu behalten und treffend zu kontern. Legen Sie Ihr Augenmerk nicht nur auf die Kleidung, sondern auf alles, womit Sie sich umgeben. Welchen Schmuck wählen Sie, welche Accessoires? Tragen Sie eine hochwertige Uhr, sind Ihr Schreibgerät und Ihre Unterlagen von Qualität? Damit stellen Sie Status her, zeigen Ihrem Umfeld, dass Sie und Ihre Leistungen wertvoll sind. »Alles Oberflächlichkeiten! Nur der Inhalt der Leistungen zählt«, höre ich einige Skeptiker schon rufen. Leider ist dem nicht so. Wir Menschen machen uns ein Bild – und zwar sofort und unwillkürlich. Sie erinnern sich an den menschlichen Quickscan bei der Begegnung mit anderen: Gefahr, Status und Attraktivität werden überprüft. Dieser Scan findet visuell statt. Passt das, was wir sehen, nicht mit dem zusammen, was wir hören, entsteht ein Bruch. Wir ziehen aus dem, was wir sehen, bereits voreilig Schlüsse, weil unser Gehirn Muster benötigt, die auch bei unvollständiger Information Ergebnisse liefern. Der Nobelpreisträger und Verhaltensökonom Daniel Kahneman beschreibt diesen Effekt in seinem hervorragenden Buch »Schnelles Denken, langsames Denken« als WYSIATI (What you see is all there is): Wir sehen etwas, ordnen es sofort ein und können es nicht einfach wegdenken, wenn uns etwas anderes dazu gesagt wird.

Mir ging es vor Kurzem so, als wir unseren Garten renovieren und neugestalten ließen. Der Gartenarchitekt hatte es gut gemeint und aus dem übermittelten Plan schon im Vorfeld eine Skizze angefertigt. Bei der ersten Sitzung stellte sich heraus, dass ihm leider zwei Projekte durcheinandergeraten waren, und die Skizze bildete den Garten anders ab, als wir ihn kannten. »Denken Sie sich das jetzt einfach hier weg«, riet der Gartenplaner bei der Präsentation der Skizze. Leider funktionierte das nicht. Je mehr mein Mann und ich uns bemühten, uns einen bestimmten Teil der Skizze wegzudenken, desto mehr geriet genau dieser Teil in den Vordergrund. Auf das Gesagte konnten wir uns schon gar nicht konzentrieren, denn es passte mit dem Gesehenen nicht zusammen. Wir legten schließlich die Skizze zur Seite. Die WYSIATI-Regel hatte ihre volle Wirkung gezeigt: Wir können uns nichts wegdenken, was wir bereits sehen. Genauso wenig werden wir einer Person mit schlechter Vorbereitung, unvollständigen Unterlagen oder billigen, vernachlässigten Accessoires zutrauen, dass sie uns erstklassige Leistungen liefert. Und wir werden Personen mit unsicherer Körpersprache, schlechter Haltung und mangelnden Umgangsformen geringer im Status einstufen.

Nehmen Sie daher gerne reichlich Anleihe an dem berühmtesten Geheimagenten der Welt und arbeiten Sie an Ihrer sichtbaren Wirkung. Damit zeigen Sie Flagge und legen die Basis für Ihr Konter-Verhalten in kritischen Situationen.

Wie möchten Sie von anderen wahrgenommen werden? Führungsstark, professionell, feminin, maskulin, mädchenhaft, verspielt, humorvoll, selbstsicher, eloquent ...?
Womit können Sie diese gewünschte Wahrnehmung fördern?

Erheben Sie das Kontern zur Kultur!

Unsere Gesellschaft ist in einem starken Wandel begriffen. »Natürlich«, werden Sie nun sagen, »das war schon immer so!« Ich gebe Ihnen recht. Doch nie zuvor hat eine Gesellschaft auf so vielen Kanälen gleichzeitig Informationen erhalten. Nie zuvor haben Menschen personalisierte Informationen erhalten. Und nie zuvor war eine Gesellschaft sieben Tage die Woche vierundzwanzig Stunden online. Sehen Sie sich bitte um: Das Smartphone ist immer da! Sind Sie nicht auch schon einmal zurückgegangen, weil Sie das Teil zu Hause vergessen hatten? Dabei wollten Sie doch nur zum Supermarkt, das ginge doch auch ohne, oder? Mein Sohn ermahnt mich immer, das sei typisch ältere Generation, alle Menschen als handysüchtig zu bezeichnen.

Aus Sicht der Rhetorik kann ich Ihnen zwei Aspekte mit Sicherheit belegen. Erstens: Das Handy verändert unsere Körperhaltung. Wir beugen den Nacken und blicken nach unten. Dabei gehen die Schultern nach vorne. Es ist das Gegenteil einer selbstbewussten Haltung – es ist Unterwerfung. Folgen wir dem, was Schauspieler anwenden, so wissen wir: Die äußere Haltung führt zu einer inneren Einstellung. Wir haben in diesem Buch schon darüber gesprochen: Wenn Sie eine unterwürfige, kleine Körperhaltung einnehmen, trauen Sie sich auch rhetorisch weniger zu, Sie fühlen sich unsicher. Nun projizieren Sie diese Haltung einmal dauerhaft auf eine ganze Gesellschaft. Wie bereit werden wir in einigen Jahren noch sein, aufzustehen und beherzt zu kontern. Wie steuerbar, wie manipulierbar ist ein Volk, dessen Grundhaltung gebeugt ist? Denken Sie nur an alte Kirchen, wie mächtig sie gebaut sind und wie klein Sie sich darin als Mensch fühlen? Die alten Holzbänke und das zeitweise Knien, der gebeugte Nacken beim Gebet? Und dann kommt der Pfarrer und spricht von der hohen Kanzel aus zum gläubigen Volk. Das wirkt!

Zweitens: die personalisierte und ständig aktualisierte Information. Die Algorithmen im Hintergrund aller Anwendungen scannen und verarbeiten unsere Interessen, unsere Gewohnheiten und Vorlieben. Was liken wir, wohin klicken wir, wie lange bleiben wir auf einem Beitrag? Das Resultat: Wir bekommen mehr von demselben eingeblendet, mehr von dem, was unsere Meinung, Lebensgewohnheit oder politische Einstellung ist. Es ist eine Automatisierung dessen, was unser Gehirn im Alltag auch macht und was in der Psychologie confirmation bias (Bestätigungsfehler) heißt: Wir suchen uns unbewusst Informationen so aus, dass sie unsere Meinung bestätigen. Wer sich objektiv informieren möchte, muss ohnehin bereits gegen dieses Phänomen ankämpfen – mit der Information über unsere Smartphones wird es noch schwieriger.

Nun will ich nicht schwarzmalen und alle unsere Errungenschaften als böse darstellen. Ganz im Gegenteil: Trotz aller Herausforderungen geht es uns so gut wie nie zuvor. Ich möchte Sie nur sensibilisieren, auf diese Zeichen zu achten und Ihre eigenen Standards zu setzen, soweit das möglich ist. Denn es ist eine Grundeinstellung, Aussagen und Informationen infrage zu stellen und Angriffe – seien sie noch so gut getarnt – zu kontern.

Trainieren Sie diese Fähigkeit zu jeder Zeit. Am besten fangen Sie gleich direkt zu Hause an. Wählen Sie einen Parkplatz für Ihre Handys, nehmen Sie sie nicht mehr an den Familientisch mit. Googeln Sie während eines Gespräches nicht die aufkommenden Wissenslücken, sondern diskutieren Sie lieber. Blicken Sie Ihren Liebsten in die Augen, schenken Sie ihnen alle Aufmerksamkeit, wenn Sie sie brauchen. Vergessen Sie Multitasking, sondern leben Sie im Hier und Jetzt. Lassen Sie uns gemeinsam das Kontern zur Kultur erheben und mit Leidenschaft in unser Umfeld tragen. So lernen wir gemeinsam, dass kontern nicht streiten bedeutet und hinterfragen nicht kritisieren. Wir lernen, Erfolge im Sinne von Interessen zu erzielen und nicht durch das verbissene Einzementieren von Positionen. Das macht uns als Menschen frei und Sie als Persönlichkeit handlungsfähig, Ihr Leben nach Ihren Vorstellungen zu gestalten.

Machen Sie das Kontern zur Kultur, indem Sie

- **auf eine aufrechte Körperhaltung achten,**
- **Informationen und Meinungen kritisch hinterfragen,**
- **sich auf das Hier und Jetzt konzentrieren,**
- **anderen wirklich zuhören,**
- **Ihre Meinung deutlich artikulieren.**

Die Fähigkeit zu kontern schenkt Ihnen Freiheit und Selbstbestimmung. Investieren Sie Ihr ganzes Leben lang in sie!

5.
Epilog:
Ab sofort contra – hart, aber herzlich!

Unser Gehirn ist erstaunlich. Es nimmt Dinge wahr, die relevant sind, und blendet jene, die es nicht benötigt, aus. Wenn Sie zum Beispiel überlegen, ein bestimmtes Auto zu kaufen, sehen Sie genau das Modell Ihrer Wahl plötzlich ständig im Straßenverkehr.

Das bedeutet: Womit wir uns näher beschäftigen, das nehmen wir auch bewusst wahr. Mir ging es beim Verfassen dieses Buches ganz ähnlich. Immer wieder tauchten neue Beispiele und Geschichten auf, immer wieder stieß ich auf unfaire Rhetorik und Menschen, die sich grün und blau ärgerten, weil sie einen Angriff nicht treffend gekontert haben. Viele dieser Fälle habe ich ins Buch einfließen lassen, um mit Ihnen, liebe Leserin, lieber Leser, die gemachten Erfahrungen und Handlungsmöglichkeiten zu teilen. »Das ist mir in diesem Augenblick nicht eingefallen!« ist übrigens die häufigste Erklärung für unseren Ärger, wenn in der Situation wieder einmal kein passender Konter parat war. Und so geht es uns wohl allen – in dem Moment, in dem es uns trifft, bleibt uns einfach die Luft weg. Wir sind derart überrascht, dass keine adäquate Reaktion möglich ist. Erst einige Zeit später, wenn wir uns außerhalb der Situation befinden, fällt uns ein, was wir hätten erwidern können. Und dann steigen Unmut, Wut und Zorn in uns hoch. Wir schelten uns selbst. Auch das ist eine natürliche Reaktion – egal, wie gut Sie rhetorisch trainiert sind, es gibt Angriffe, die Ihre verletzlichste Stelle treffen. Angriffe, die so schlimm sind, dass Sie mit den Tränen kämpfen. Doch wie Sie in den Kapiteln, durch die wir uns gemeinsam bewegt haben, sehen konnten: Sie können Ihre innere Haltung trainieren! Mit Wertschätzung sich selbst gegenüber, mit einer positiven Grundeinstellung und einem Umfeld, das Sie fördert und Ihnen guttut. Auch wenn Ihre Situation noch so verfahren scheint, Sie sich vollkommen machtlos fühlen, weil Sie auf einen Job, eine Beziehung oder eine bestimmte Person angewiesen sind – Sie haben dennoch stets die Wahl! Kontern Sie, konfrontieren Sie Ihr Gegenüber mit Ihrer Meinung. »Hart, aber herzlich«, so lautet Ihre Devise von jetzt an! Seien Sie freundlich und wertschätzend zum Menschen, aber konsequent und klar in der Sache. Lassen Sie Ihrem Gegner dabei immer die Würde, so hat er noch eine Chance, sich aus der Situation zu lösen, ohne sein Gesicht zu verlieren. Manchen Menschen ist gar nicht bewusst, dass sie mit ihrem Verhalten andere angreifen – sie sind vielleicht sogar dankbar, wenn Sie ihnen durch gezielte Rückfragen einen Spiegel vorhalten. Machen Sie es wie James Bond: Mit Humor, Eloquenz und Selbstbewusstsein schaffen Sie sich ein Charisma, das Sie sympathisch wirken und dennoch keine Zweifel im Raum stehen lässt, dass Sie im Falle eines Angriffes perfekt kontern werden.

Kontern ist eine Lebenseinstellung: Es ist ein Ja zum Menschen, ein Ja zum Dialog und ein großes Ja zu sich selbst! Verbeißen Sie sich daher nicht in auswendig gelernte Phrasen, sondern machen Sie es einfach zu Ihrer Prämisse, stets zu reagieren. Nehmen Sie Neid als Kompliment, fragen Sie bei zweifelhaften Äußerungen höflich nach, grenzen Sie sich von Dummheiten konsequent ab. Ich möchte zum Schluss noch ein prägendes Erlebnis mit Ihnen teilen, das mir eine Freundin erzählt hat. Gemeinsam mit ihrem Mann war sie zu einer Feier mit mehreren Pärchen eingeladen. Einer der Gäste sprach den Gastgeber an: »Hilfst du deiner Frau eigentlich im Haushalt?« Der Gastgeber sah den Gast mit verständnisloser Miene an und erwiderte: »Was meinst du mit ›ihr helfen‹? Ich wohne doch auch hier!«. Das ist Kontern par excellence – aus einem tiefen, wunderschönen Selbstverständnis heraus.

Liebe Leserin, lieber Leser, dieses Selbstverständnis können auch Sie erreichen, indem Sie sich klar dafür entscheiden, von nun an immer zu reagieren und die Sprüche von anderen nicht mehr unerwidert zu lassen! Ich wünsche mir von Herzen, dass dieses Buch Sie motiviert hat, jetzt entschlossen aufzustehen, laut »Ja!« zu einer positiven Lebenseinstellung zu sagen und Ihre Botschaft in die Welt zu tragen. Und sollten wir uns einmal persönlich treffen – ich werde es sofort wissen, denn Sie werden heller strahlen als alle anderen!

Ihre

Danke

Meine Vision ist, dass durch wertschätzende, klare Kommunikation Menschen glücklicher sind und das Zusammenleben auf dieser Welt friedlicher wird. Dieses Buch ist mein Beitrag zu einer besseren Welt. Denn ich bin überzeugt: Wer klar kommuniziert, schafft Orientierung. Wer Orientierung hat, kann selbstständig und bewusst handeln und lässt sich nicht durch Schreihälse und Fake News taub und blind machen.

Den Großteil der Geschichten in diesem Buch haben meine geschätzten Kundinnen und Kunden geliefert – die Namen sind natürlich geändert. Herzlichen Dank dafür, dass ihr eure Erfahrungen zum Nutzen vieler Menschen teilt!

Den Anstoß und Mut, ein Buch zu schreiben, hat mir Hermann Scherer in einem seiner inspirierenden Programme gegeben. Er geizte definitiv nicht mit seiner Expertise – würde ich alles umsetzen, wäre ich die nächsten zwanzig Jahre beschäftigt. Ein großes Dankeschön dafür!

Eine meiner Wegbegleiterinnen in die Rhetorik war die Schule des Sprechens, wo ich mit Sprech-, Stimm- und Schauspielprofis arbeiten durfte. Viele meiner Ansätze wurden durch diese wertvolle Zeit geprägt. Seit einigen Jahren darf ich mein eigenes Programm verwirklichen und bin im Netzwerk der German Speakers Association mit den Besten der Szene in kollegialem Austausch verbunden. Dort lernte ich auch die wunderbare Monika B. Paitl kennen, die mit ihrer professionellen und motivierenden Art die Entstehung des Buches vom ersten bis zum letzten Schritt begleitet hat. Tausend Dank, liebe Monika!

Was wäre der genialste Inhalt ohne einen Verlag, der volles Vertrauen in seine Autoren legt? Danke, BusinessVillage, für die Aufnahme und Verwirklichung dieses Projektes.

Ohne die Unterstützung meiner Familie hätte ich es niemals geschafft, die unzähligen Schreibstunden neben meinem täglichen Business zu absolvieren. Dabei steht mein »partner in crime« seit mehr als zwanzig Jahren an meiner Seite und unterstützt mich in allen meinen ehrgeizigen Projekten mit voller Kraft. Ein besorgter Seminarteilnehmer hat es einmal unvergesslich auf den Punkt gebracht: »Dein Mann muss echt arm sein!« Ein riesiges Dankeschön an meine größte Liebe Klaus. Wer seine rhetorischen Künste wirklich auf den Prüfstand stellen möchte, der tue dies am besten mit einem Teenager. Jeden Tag liefert mir mein Sohn Einblicke in die Generation Z und eine Menge verbale Lerngeschenke – von charmant bis explosiv. Besten Dank auch, Paul!

Niemals vergessen werde ich meinen Nachbarinnen, dass sie mich während des gesamten Prozesses so oft mit ihren Speisen und Bäckereien versorgt und bei Laune gehalten haben. Es sind die kleinen Dinge des Lebens, die so guttun. Und Ihnen, liebe Leserin, lieber Leser, danke ich von Herzen, dass Sie bis hierher mit mir gegangen sind. Mögen Sie Ihre verdiente Ernte für Ihr Investment einholen und Ihr Leben in der ganzen Fülle genießen!

Literatur und Quellen

Solomon Elliot Asch (1951): Effects of group pressure upon the modification and distortion of judgment. In: H. Guetzkow (ed.): Groups, leadership and men. Carnegie Press.

John William Atkinson (1957): Motivational determinants of risk-taking behavior. In: Psychological Review 64 (6), Seite 359–372.

Eric Berne (2013): Spiele der Erwachsenen. Psychologie der menschlichen Beziehungen. 14. Auflage, Rowohlt.

Eric Berne (2012): Was sagen Sie, nachdem Sie »Guten Tag« gesagt haben? Psychologie des menschlichen Verhaltens. 22. Auflage, Fischer.

Herbert Blumer (2013): Symbolischer Interaktionismus. Aufsätze zu einer Wissenschaft der Interpretation. Suhrkamp.

Gary Chapman (2019): Die 5 Sprachen der Liebe. Wie Kommunikation in der Partnerschaft gelingt. 37. Auflage, Francke Verlag.

Robert B. Cialdini (2017): Die Psychologie des Überzeugens. Wie Sie sich selbst und Ihren Mitmenschen auf die Schliche kommen. 8. Auflage, Hogrefe Verlag.

Roger Fisher, William Ury, Bruce M. Patton (Hrsg.) (2013): Das Harvard-Konzept. Der Klassiker der Verhandlungstechnik. 24. Auflage, Campus-Verlag.

Dominique Gosselin, Sylvain Gagnon et al. (2010): Comparative optimism among drivers: An intergenerational portrait. In: Accident Analysis & Prevention 42/2, März 2010, Seite 734–740.

Daniel Kahneman (2012): Schnelles Denken, langsames Denken. Siedler Verlag.

Daniel Kahneman, Amos Tversky (1979): Prospect theory. An analysis of decision under risk. In: Econometrica Band 47, Nr. 2, Seite 263–291.

Adolph Freiherr von Knigge (1991): Über den Umgang mit Menschen. Reclam.

Rupert Lay (2013): Dialektik für Manager. Methoden des erfolgreichen Angriffs und der Abwehr. 8. Auflage, Langen.

Lexikon der Biologie: Kampf-oder-Flucht-Reaktion. Verfügbar: https://www.spektrum.de/lexikon/biologie/kampf-oder-flucht-reaktion/35305, abgerufen am 18. Januar 2021.

Joe Navarro (2008): What every BODY is saying. An Ex-FBI Agent's Guide to Speed-Reading People. Harper Collins.

Friedrich Nietzsche (1954): Werke in drei Bänden. Band 1: Gedichte und Sprüche. Die Geburt der Tragödie aus dem Geiste der Musik. Unzeitgemäße Betrachtungen. Morgenröte/Ecce Homo, Seite 628.

Fritz Riemann (1961): Grundformen der Angst. Verlag Ernst Reinhardt.

Kevin Roberts (2005): Lovemarks. The Future Beyond Brands. PowerHouse Books.

Arthur Schopenhauer (2009): Eristische Dialektik. Die Kunst, Recht zu behalten. Nikol Verlag.

Friedemann Schulz von Thun (1981): Miteinander reden. Band 1–3. Rowohlt.

Sexismus im Alltag. Pilotstudie der Deutschen Bundesregierung. Wahrnehmungen und Haltungen der deutschen Bevölkerung. Verfügbar: https://www.bmfsfj.de/blob/141246/f8b55ee9dae35a2e638acb530f89dfe0/sexismus-im-alltag-pilotstudie-data.pdf, abgerufen am 18. Januar 2021.

Christoph Thomann, Friedemann Schulz von Thun (1988): Klärungshilfe 1: Handbuch für Therapeuten, Gesprächshelfer und Moderatoren in schwierigen Gesprächen. Rororo-Verlag.

Christoph Thomann (2004): Klärungshilfe 2: Konflikte im Beruf: Methoden und Modelle klärender Gespräche. Vollständig überarbeitete und erweiterte Neuausgabe, Rowohlt.

Unbekannter Verfasser: Parabel von den blinden Männern und dem Elefanten. Verfügbar: https://de.wikipedia.org/wiki/Die_blinden_M%C3%A4nner_und_der_Elefant, abgerufen am 18. Januar 2021.

Chris Voss (2016): Never Split the Difference. Negotiating as if Your Life Depended on It. HarperCollins.

Paul Watzlawick (2011): Menschliche Kommunikation: Formen, Störungen, Paradoxien. 12. Auflage, Huber.

Paul Watzlawick (2008): Anleitung zum Unglücklichsein. 9. Auflage, Piper.

Max Weber (2002): Wirtschaft und Gesellschaft: Grundriss der verstehenden Soziologie. 5. Auflage, Mohr Siebeck.

Was mich ärgert, entscheide ich

Philipp Karch
Was mich ärgert, entscheide ich
Konflikte klug bewältigen
2. Auflage 2019

312 Seiten; Broschur; 24,95 Euro
ISBN 978-3-86980-442-2; Art.-Nr.: 1047

Konflikte kosten Zeit, Energie und vor allem Nerven. Doch das muss nicht sein. Denn ab jetzt entscheidest du, was dich ärgert. Warum? Weil nicht jeder Konflikt dein Konflikt ist!

Wie lassen sich Konflikte von Konfliktangeboten unterscheiden? Wie konzentriert man sich auf die wirklich förderlichen Auseinandersetzungen? Und wie bewältigt man sie im Sinne der eigenen Persönlichkeitsentwicklung?

Antworten darauf liefert Philipp Karchs neues Buch. Es zeigt dir einen eleganten Weg, dich intelligent zu befreien, anstatt dich destruktiv zu ärgern. Du wirst aufkommende Konflikte deeskalieren, ihre Ursachen analysieren, deinen Ärger minimieren, dem Gegenüber deine Grenzen aufzeigen und dich positionieren.

Das Buch öffnet dir die Augen und du kommst dir selbst auf die Schliche – denn es gibt keinen einzigen persönlichen Konflikt, zu dem du nicht selbst beigetragen hast und den du nicht komplett auflösen kannst.

www.BusinessVillage.de

Deutungshoheit

Sebastian Callies
Deutungshoheit
Die Muster der Meinungsmacher
1. Auflage 2020

192 Seiten; Broschur; 24,95 Euro
ISBN 978-3-86980-545-0; Art.-Nr.: 1097

Wir sind im Meinungswettkampf: Politiker, Influencer und Experten buhlen sekündlich um unsere Aufmerksamkeit. In den Medien und sozialen Netzwerken werden milliardenfach Informationen produziert, interpretiert und kommentiert. Alles kann wahr und falsch zugleich sein. Wie gelingt es in diesem Umfeld, die Deutungshoheit über seine Themen und sein Image zu erlangen?

Die erfolgreichen Meinungsmacher wissen, dass Realität nur Interpretationssache ist. Sie inszenieren sich, setzen Themen und schaffen Fakten. So beeinflussen sie in ihrem Sinne, worüber wir sprechen, über was wir nachdenken und wie wir die Welt sehen.

Dieses Buch entschlüsselt die Kommunikationsmuster großer Meinungsmacher aus Politik, Wirtschaft und Gesellschaft. Warum sind sie so überzeugend? Wie gelingt es ihnen, die öffentliche Wahrnehmung zu prägen? Können wir uns vor Manipulation schützen? Und was lernen wir selbst für unsere Kommunikation daraus? Denn eines ist klar: In einer vernetzten Welt hängt unser Erfolg dramatisch von der Meinung anderer über uns ab.

Glaubwürdig

Stefan Häseli
Glaubwürdig
Von Schauspielern fürs Leben lernen
1. Auflage 2020

312 Seiten; Broschur; 24,95 Euro
ISBN 978-3-86980-557-3; Art.-Nr.: 1111

Wir füllen in unserem Leben verschiedene Rollen aus: Ehemann/-frau, Eltern, Freund/-in, Kollege/-in, Mitarbeiter/-in, Führungskraft … Allesamt Rollen, die wir nicht selten zeitgleich und vor allem glaubwürdig ausfüllen (müssen).

Doch wie füllen wir unsere Rollen glaubwürdig und echt? Wie gelingt uns Authentizität, ohne uns zu verstellen? Und vor allem: Wer sind wir?

Antworten darauf liefert Häselis neues Buch. Anschaulich bringt er Psychologie, Alltagskommunikation und seine Erfahrungen aus dem Schauspiel zusammen. Herausgekommen sind dabei erfrischend neue Denkansätze, mit denen wir Zugang zu uns und zu unseren Emotionen erlangen und unsere Rollen im Leben souverän meistern können. Es illustriert, wie wir unsere Selbstwirksamkeit kritisch hinterfragen, glaubwürdig und authentisch rüberkommen und unsere Rollen und den Umgang mit Erwartungen besser gestalten können.

www.BusinessVillage.de